커픽처스

커피 레시피 101

커픽처스
커피 레시피 101

펴낸날 초판 1쇄 2022년 9월 30일 | 초판 5쇄 2023년 5월 1일

지은이 김현석

펴낸이 임호준
출판 팀장 정영주
책임 편집 김은정 | **편집** 조유진
디자인 유채민 | **마케팅** 길보민
경영지원 나은혜 박석호 유태호 최단비

사진 김샛별
인쇄 ㈜상식문화

펴낸곳 비타북스 | **발행처** (주)헬스조선 | **출판등록** 제2-4324호 2006년 1월 12일
주소 서울특별시 중구 세종대로 21길 30 | **전화** (02) 724-7633 | **팩스** (02) 722-9339
포스트 post.naver.com/vita_books | **블로그** blog.naver.com/vita_books | **인스타그램** @vitabooks_official

ⓒ 김현석, 2022

ISBN 979-11-5846-391-5 13590

비타북스는 독자 여러분의 책에 대한 아이디어와 원고 투고를 기다리고 있습니다.
책 출간을 원하시는 분은 이메일 vbook@chosun.com으로 간단한 개요와 취지, 연락처 등을 보내주세요.

비타북스 는 건강한 몸과 아름다운 삶을 생각하는 (주)헬스조선의 출판 브랜드입니다.

THE GUIDE TO CAFE DRINK

커픽처스
커피 레시피 101

김현석 지음

Coffictures
Coffee
Recipe

비타북스

당신의 카페가 오래도록
사랑받길 기원하며…

"커픽처스 레시피는 맛있다."

이런 이야기를 종종 듣는다. 하지만 나는 사실 대단한 전문가가 아니다. 그저 대한민국의 수많은 카페 사장 중 하나다.

2013년 다니던 회사를 그만두고 아무런 준비 없이 덜컥 작은 카페를 차렸다. 2주 만에 벼락치기로 음료를 배웠다. 카페는 쉬워 보였다. 하지만, 오픈하고 나니 현실은 생각과 달랐다. 내 카페를 찾아주는 손님은 없었다. 손님의 입맛은 정확했다.

"여기 맛이 없어. 다른 데 가자."

어느 날 손님 세 분이 카페 문밖에서 하는 말을 들었다. 충격이었다. 가슴이 철렁 내려앉았다. 이렇게는 안 되겠다는 생각에 그때부터 소문난 카페들을 찾아다녔다. 그 카페의 시그니처 음료를 마셔보고 따라서 만들어보았다. 수없이 음료를 만들다 보니 어떻게 만들어야 할지 이해가 가기 시작했다.

그때부터 카페를 하는 것이 재미있어졌다. 일주일에 하나 꼴로 신메뉴를 출시하고 고객들의 반응을 보는 것이 그렇게 재미있을 수가 없었다. 내가 만든 음료를 고객들이 만족하고 다시 내 카페를 찾아준다는 것. 그것은 지금까지 느껴보지 못한 큰 즐거움이었다. 그렇게 6년을 달려왔다. 죽어가던 카페가 소문난 동네 맛집이 되었다.

그러던 어느 날 아내가 유튜브를 시작해보면 어떻겠냐고 제안했다. 한번 해볼까? 라는 생각으로 시작했다. 평소 카페 창업에 관심 있는 지인들의 질문에 조언해주곤 했는데, 그런 내용을 소소하게(?) 온라인에 공유하면 좋을 것 같았다. 카페 창업에 관한 내용과 카페 음료 레시피를 영상으로 만들어 업로드하기 시작했다. 누가 볼까 싶은 영상들을 카페 사장님들이 먼저 보기 시작했다.

"초보 카페 사장에게 도움이 되는 영상 감사합니다."
"맛있어서 저희 카페 이 레시피로 바꿨어요!"

한 줄, 한 줄 달리는 댓글에 힘을 얻고, 재미를 느껴 다년간 카페를 하면서 쌓아온 노하우와 레시피 보따리를 계속해서 풀기 시작했다. 그렇게 2018년 유튜브를 시작하고 나서 일주일에 한두 개씩 꾸준히 영상을 올리고 보니 어느덧 4년이 흘렀고, 2022년 현재 35만 명의 구독자가 커픽처스를 채널을 사랑해주고 있다. 그리고 그 사랑과 관심 덕분에 《커픽처스 커피 레시피 101》 책을 쓸 수 있게 되었다. 너무나 감사한 일이다.

이 책에는 카페에서 판매할 수 있을 정도의 수준 높은 레시피 100여 개가 정리되어 있다. 카페에서 판매하는 음료는 맛은 물론 제조가 간편해야 하고, 원가도 고려하지 않을 수 없다. 하나하나 테스트하고 심혈을 기울인 레시피다. 하지만 이 책의 레시피가 정답은 아니다. 카페를 운영하는 데 이 책 한 권만으로 충분하지도 않다.

이 책의 음료들을 통해 영감을 얻고 독자들 입맛에 맞게 수정 보완하여 활용하기를 기대한다. 여러분의 카페에 새로운 메뉴가 생겨나고, 매출에 도움이 된다면 카페를 처음 시작했을 때처럼, 유튜브를 처음 시작했을 때처럼 나는 다시 즐거울 것 같다.

지금도 신메뉴 개발에 머리가 아픈 카페 사장님들께 큰 도움이 되기를 바라며, 대한민국 모든 카페 사장님들을 응원한다.

마지막으로 책의 사진을 함께 찍느라 고생한 아내와 우리 가족 모두에게 사랑한다는 말을 전하고 싶다.

2022년 9월
커픽처스 김현석

1

Coffee

2

Non Coffee

3

Tea

Ade & Juice

5

Blended

6

Bottle Beverages

Coffictures

********* THANK YOU! *********

Coffictures Cafe Drink Guide

완벽한 카페 드링크를 만들기 전에 꼭 알아두세요

카페 음료 이해하기

카페에 들어서서 메뉴판을 보면 수없이 많은 메뉴가 적혀 있다. 커피는 물론 스무디, 셰이크, 프라페… 음료의 종류만 알아도 어떠한 재료들로 어떻게 만든 메뉴인지 짐작할 수 있다. 기본이 되는 카페 음료의 종류에 대해 먼저 알아보자.

에스프레소

카페에서 판매하는 커피 종류는 추출 방식에 따라 에스프레소, 드립커피, 콜드브루 등으로 나눌 수 있다. 에스프레소가 들어간 음료는 '카페'라는 이름이 붙는다. 대표적으로 카페라테, 카페모카 등이 있다. 보통 에스프레소는 또 다른 커피 음료를 만드는 재료로 사용되어 왔으나 최근 에스프레소 자체를 즐기는 문화가 유행하면서 다양한 에스프레소가 판매되고 있다. 이 책 속에서도 다양한 에스프레소 음료 레시피를 만날 수 있다.

드립커피

분쇄한 원두를 필터에 걸러 추출하는 방식으로 필터 커피라고도 한다. 추출에 필요한 기구가 저렴하여 커피 입문자들이 많이 시도하는 방식이나 추출하는 사람의 기술에 따라 맛의 편차가 큰 방식이기도 하다. 커피 오일이 필터에 걸러져 커피의 맛이 깔끔하다.

콜드브루

차가운 물로 커피를 추출하는 방식으로 8시간 이상의 긴 시간을 필요로 한다. 커피를 한 방울씩 떨어뜨려 추출하는 점적식과 분쇄한 원두를 물에 담가 추출하는 침출식이 있다. 부드러운 맛과 특유의 풍미가 뛰어난 것이 특징이다.

라테

라테는 이탈리아어로 우유라는 뜻이다. 우리나라에서는 라테는 카페라테라는 인식이 강해 라테 음료는 모두 커피라고 잘못 이해하는 경우가 많다. 하지만 라테는 녹차 라테, 고구마 라테와 같이 우유를 베이스로 한 음료를 말한다.

주스

과일이나 채소를 그대로 갈아서 시원하게 마시는 음료를 뜻한다. 대부분 블렌더를 사용하여 갈아서 만들지만 착즙기를 사용해 즙을 내어 만들기도 한다. 생과일뿐만 아니라 냉동 과일로도 만들 수 있으나 냉동 과일을 사용할 경우 '생과일주스'보다는 '과일주스'로 표기하는 것이 혼란을 막을 수 있다.

스무디

과일과 얼음을 갈아서 만든 음료로 상큼하고 부드러운 맛이 특징이다. 차가운 음료이기 때문에 충분히 달지 않으면 맛을 느끼기가 어렵다. 당도가 높은 스무디베이스를 사용하거나 요거트 파우더를 넣어 요거트 스무디를 만들지 않으면 맛을 내기가 까다로운 편이다.

셰이크

셰이크는 아이스크림과 우유를 갈아서 만든 밀크셰이크를 의미하는데 마시는 아이스크림이라 생각하면 된다. 밀크셰이크에 다양한 재료를 넣어 블렌딩하여 초콜릿 셰이크, 딸기 셰이크, 오레오 셰이크 등의 음료를 만들게 된다.

프라페

프라페는 얼음으로 차게 식힌다는 뜻의 프랑스어로 얼음에 우유, 아이스크림 등을 넣고 블렌딩한 음료를 말한다. 들어가는 재료가 셰이크와 비슷해서 두 종류를 나누는 것이 모호하기도 하다. 프라페 메뉴는 카페마다 블렌디드, 프라푸치노, 할리치노 등 다양한 이름을 사용하고 있다.

TOOL GUIDE

카페 창업에 필요한 장비 A to Z

카페 창업에 특별한 장비가 꼭 필요한 것은 아니지만, 알맞은 전용 도구들을 갖춰놓으면 한결 쉽고 편리하게 음료를 제조할 수 있다. 어떤 도구가 편리한지 살펴보고 미리 준비하자.

에스프레소 머신

에스프레소 커피를 추출하고 우유를 스팀하는 데 필요한 필수 장비. 브랜드가 다양하고 가격대의 편차가 크니 상황에 맞게 선택하는 것이 중요하다. 한 번 고장나면 수리 비용이 많이 들고 영업에 지장을 주기 때문에 잔고장이 적고 AS가 믿을만한 곳에서 구입하는 것을 추천한다.

그라인더

로스팅한 원두를 추출 방식에 맞게 분쇄해주는 장비다. 작은 휴대용 그라인더부터 가정용 제품은 물론 업장용 제품까지 종류가 다양하다. 에스프레소 머신 이상으로 커피의 맛을 좌우하는 중요한 과정이기 때문에 충분한 성능을 갖춘 제품으로 준비하는 것이 좋다.

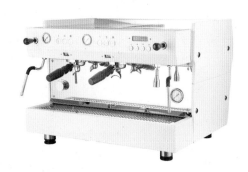

오토 탬핑기

포터필터에 담긴 원두를 자동으로 탬핑해주는 장비. 필수 장비는 아니지만 편리하고 편차 없이 일정하게 탬핑해줄 수 있어 사용하는 매장이 점점 늘어나고 있다.

온수기

따뜻한 아메리카노와 차를 만들 때 필요한 온수를 바로 사용할 수 있는 장비. 온도 설정이 간편하고 추출 용량이 조절되는 자동 온수기를 사용하는 것이 편리하다.

제빙기

얼음을 만드는 장비로 카페에서는 없어서는 안 될 필수 장비. 제빙기 용량이 작아서 여름에 얼음이 모자라면, 얼음 구입 비용이 많이 든다. 하지만 또 지나치게 큰 용량을 구비하면 유지비가 많이 들고 공간도 많이 차지하기 때문에 내 카페에 맞는 적절한 용량을 구매할 필요가 있다.

테이블 냉장고

카페에서는 공간 효율이 좋은 테이블 냉장고를 주로 사용한다. 간냉식과 직냉식이 있는데 간냉식이 성애가 생기지 않아 관리가 쉽지만 직냉식에 비해 가격이 비싸다.

블렌더

얼음을 갈아서 만드는 블렌디드 종류나 과일 주스를 만들 때 반드시 필요한 장비다. 좋은 블렌더는 직원 한 명의 역할을 한다는 말이 있을 정도로 성능이 좋은 블렌더가 음료의 퀄리티를 높인다.

쇼케이스

디저트 메뉴와 보틀 음료 등을 진열하고 보관할 때 사용하는 장비다. 쇼케이스에 진열된 제품은 고객에게 노출이 되어 판매를 늘리는 역할을 한다. 쇼케이스를 통해 인테리어 효과를 낼 수도 있다.

피처린서

샷잔이나 스팀피처를 헹구는 데 사용하는 장비로 필수로 갖춰야 하는 장비는 아니지만 에스프레소 머신 근처에 설치하여 유용하게 사용할 수 있다.

디퍼웰

바스푼 등의 도구를 세척하는 데 사용하는 장비. 흐르는 물에 바스푼을 담가두는 방식으로 바쁜 매장에서 유용하게 사용할 수 있다.

빙수기

영업용 빙수기는 크게 3가지 종류로 나뉜다. 대부분 이 세 가지 방식으로 얼음을 갈아 빙수를 만들기 때문에 얼음 만드는 방식에 대해 알 필요가 있다. 빙수 위에 토핑을 올리는 방법에 따라 나만의 시그니처 빙수를 만들 수 있으니 창의적인 아이디어를 내보자.

눈꽃빙수기

말 그대로 눈같이 고운 우수한 품질의 얼음이 나온다. 우유 얼음을 미리 얼려두지 않아도 되기 때문에 냉동고 공간의 부담이 없는 것도 장점이다. 하지만 기계 가격이 비싸고 빙수기 주변에 우유 얼음이 튀기 십상이라 위생 관리가 까다롭다.

카트리지 빙수기

얼음을 카트리지에 넣어 대패처럼 갈아서 만드는 방식이다. 크기가 작고 설치가 간편하다. 또한 카트리지만 세척하면 되기 때문에 위생적으로 사용할 수 있다. 뛰어난 맛과 공간 효율이 좋기 때문에 빙수를 취급하는 대형 프랜차이즈 카페에서는 대부분 카트리지 빙수기를 사용하고 있다. 다만 빙수기 업체에서 판매하는 얼음 카트리지를 사용해야 하기 때문에 제조 원가가 비싸다는 단점이 있다.

빙삭기

얼음을 갈아서 만드는 방식으로 우유가 아닌 물만 사용하기 때문에 세척이 간편하다. 기계 가격이 저렴하고 설치가 간편하다는 장점도 있다. 하지만 우유 빙수가 인기를 끌면서 요즘에는 많이 사용하지 않는 방식이기도 하다.

3

INGREDIENT GUIDE

부재료 이해하기

음료에는 생각보다 많은 재료가 사용된다. 과일과 채소, 곡물, 우유 등 천연 식재료뿐만 아니라 시럽, 파우더, 원액 등 가공된 재료들도 필요하다. 대부분의 프랜차이즈 카페에서는 사용이 간편한 가공 재료들을 많이 쓰지만 개인 카페는 차별화를 위해 원재료를 사용하는 경우도 많다. 같은 맛을 내는 재료도 시럽, 소스, 파우더 등으로 다양하게 나오기 때문에 각 재료를 정확하게 이해하고 적절하게 사용하도록 하자.

시럽

설탕을 물에 녹여 향료와 색소를 첨가한 액체. 물처럼 묽은 것이 특징이고 향료가 첨가되어 향을 강조하는 데 사용한다. 물이나 우유에 잘 섞이기 때문에 음료 만들기가 쉽다. 개인 카페에서는 시럽을 직접 만들어서 사용하기도 한다.

소스

시럽보다 점성이 높은 걸쭉한 상태의 액체다. 점성이 있어 토핑용으로도 사용한다. 진한 풍미가 특징이고 천연 재료 함량이 높아 시간이 지나도 맛이 유지되는 장점이 있다. 시럽에 비해 가격이 비싸다.

파우더

천연 재료와 식품첨가제를 섞어 만든 가루 형태의 재료다. 녹차파우더, 카카오파우더 등이 대표적이다. 묵직한 바디감이 특징으로 물에 녹여서 써야 하는 불편함이 있다. 잘못 녹이면 파우더가 씹히는 경우도 있다. 보관이 용이하고 사용이 간편하지만 과하게 사용하면 인공적인 맛이 강해진다.

퓌레

과일을 으깨서 과육과 과즙을 졸여서 만든 걸쭉한 액체다. 과일 본연의 맛과 색감이 유지되는 것이 특징이다.

페이스트

과일이나 견과류 등을 갈거나 으깨는 가공을 거쳐 부드럽게 만든 것을 말한다. 파우더보다 재료 본연의 맛과 식감을 살리기 쉽고, 음료 위나 중간에 넣어 모양을 내기에도 좋다.

베이스

따뜻한 음료와 차가운 음료 모두 사용할 수 있는 부재료. 유자, 레몬, 라임, 청포도, 복숭아, 블루베리 등의 다양한 과일 베이스 제품이 기본이며 밀크티, 히비스커스, 오미자, 재스민 등 차 종류에 사용되는 베이스도 있다.

원액

물 한 방울 섞지 않고 오직 재료 자체만을 100% 착즙해서 만드는 부재료다. 보통 탄산수나 물에 섞어 음료를 만들 때 사용한다.

농축액

적은 양으로 음료의 맛을 내는 고농도의 베이스다. 예전에는 물에 단맛과 각종 향을 입힌 것이 전부였지만, 최근 그 맛과 퀄리티가 높아져 다양한 제품을 유용하게 사용할 수 있다.

청

과일을 설탕 또는 꿀에 재워 발효시켜 만든다. 과육의 식감을 살려 오랫동안 보관이 가능하다. 차뿐만 아니라 에이드와 스무디를 만들 때도 사용이 가능해 활용도가 높은 재료다. 만들기도 쉬워서 많은 카페에서 직접 제조해 사용하는 경우가 많다.

시럽　　소스　　파우더　　퓌레　　페이스트　　베이스

나만의 부재료 만들기

프랜차이즈 카페와의 차별점을 위하여 소스와 시럽 등의 부재료를 직접 만들어 사용하는 것도 하나의 방법이다. 고객에게 정성을 담은 수제 소스와 시럽, 청으로 만든 음료라는 것을 강조하자. 수차례 테스트를 거치고 거쳐서 완성한 커픽처스만의 특별 레시피를 소개한다.

오렌지시럽

오렌지(150mL 분량) 2~3개, 설탕 100g

1 오렌지를 착즙하여 체에 거른 뒤 150mL 분량을 냄비에 담고 설탕을 넣어 녹을 때까지 중약불로 끓인다.

2 병에 담아 실온에서 식힌 후 냉장 보관하고 2주 안에 사용한다.

초콜릿소스

카카오파우더(100%) 25g, 설탕 80g, 물 150mL, 소금 한 꼬집

1 냄비에 설탕, 카카오파우더, 소금을 넣고 중약불로 10분간 끓인다. 불이 세면 넘칠 수 있으니 주의한다.

2 병에 담아 실온에서 식힌 후 냉장 보관하고 일주일 안에 사용한다.

버터스카치소스

무염 버터 30g, 생크림 70mL, 흑설탕 100g, 소금 1g, 바닐라익스트랙 1/2티스푼

1 냄비에 버터를 넣고 중불에서 녹인 후, 생크림과 흑설탕, 소금을 넣고 3분정도 끓인다. 불을 끄고 바닐라익스트랙을 넣어 잘 섞는다.

2 병에 담아 실온에서 식힌 후 냉장 보관하고 3일 안에 사용한다.

사과청

사과 500g, 설탕 500g, 레몬즙 30mL

1 사과를 사방 0.5cm 크기로 자르고 설탕과 레몬즙으로 버무린다.

2 실온에서 하루 정도 재운 뒤 냉장 보관하고 한 달 안에 사용한다.

딸기청

냉동 딸기 600g, 설탕 450g, 레몬즙 45mL, 소금 2g

1 냉동 딸기를 사방 1cm 크기로 자른 다음 설탕과 레몬즙, 소금으로 버무린다.

2 실온에서 하루 정도 재운 뒤 냉장 보관하고 한 달 안에 사용한다.

패션푸르트 망고청

냉동 패션푸르트 500g, 냉동 망고 100g, 설탕 500g

1 냉동 패션푸르트는 반으로 자르고 숟가락으로 과육을 파내 볼에 담고 냉동 망고도 사방 1cm 크기로 잘라 담는다.

2 ①에 설탕을 넣어 버무린 다음 실온에서 하루 정도 재운다. 냉장 보관하고 한 달 안에 사용한다.

바질 귤청

귤(200mL 분량) 3~5개, 귤 과육 400g, 바질 20g, 설탕 400g, 레몬즙 40mL

1 볼에 귤을 착즙하여 200mL 분량을 담고 귤 과육도 사방 1cm 두께로 썰어 담는다. 바질도 작게 뜯어서 넣는다.

2 ①에 설탕과 레몬즙을 넣어 버무린 다음 실온에서 하루 정도 재운다. 냉장 보관하고 한 달 안에 사용한다.

재료 선택 노하우

맛있는 음료를 만들기 위해서는 좋은 레시피와 알맞은 제조 노하우 그리고 좋은 재료가 필요하다. 그중에서 가장 큰 비중을 차지하는 것은 단연 '좋은 재료'다. 수입산 냉동 쇠고기를 아무리 유능한 셰프가 구워준다고 한들, 최상급 한우의 맛을 넘어설 수는 없는 것과 비슷하다. 그렇기 때문에 좋은 재료를 신중하게 선택하는 것이야말로 음료 제조의 필수 과정이다. 올바른 재료를 선택하기 위해 어떤 것들은 고려해야 하는지 자세히 알아보자.

재료 함량을 보는 습관

카페에서 사용하는 시럽, 소스 등의 부재료에는 모두 원재료 함량이 표시되어 있다. 이때 제품 속 함량이 높은 순서대로 표기하게 되어 있다. 아래 녹차파우더의 원재료 표시를 살펴보자. 설탕 함량이 가장 높고 그다음 가루녹차, 그리고 말토덱스트린 순으로 높은 것을 확인할 수 있다.

제품을 사용하기 전에 원재료 함량 표시를 먼저 살펴보면 어떤 제품에 녹차 함량이 높은지 쉽게 확인할 수 있다. 녹차 함량이 높은 것을 선택하면 더욱 진한 맛을 낼 수 있는 것이다. 물론 녹차의 품질이 다르고 업체마다 재료를 가공하는 기술이 다르기 때문에 함량이 높다고 무조건 좋은 재료라는 뜻은 아니다. 재료 함량에 따른 맛과 특성을 알고 선택하는 것이 내가 원하는 맛을 구현하는 데 유리하다는 의미다. 재료를 선택할 때 함량을 보지 않고 선택하는 것은 CPU 사양도 확인하지 않고 컴퓨터를 구매하는 것과 같으니 원재료 함량을 꼭 확인하는 습관을 기르자.

재료 원가 계산

재료를 선택할 때 가장 먼저 생각해야 할 것이 바로 원가다. 아무리 맛있고 잘 팔려도, 남는 것이 있어야 유지할 수 있기 때문이다. 정말 맛이 좋지만 원가가 너무 높다면 음료 가격도 비싸질 수밖에 없다. 하지만 재료비가 높다고 해서 판매 가격도 무한정 높일 수 없기 때문에 재료비의 적정 수준을 늘 신경 쓰고 유지해야 한다.

쉽게 안정적으로 구할 수 있는가

아무리 좋은 재료라 할지라도 구하기 어렵거나 만들기가 힘들다면 재료로 사용하기에 적절하지 않다. 오래 숙성해야 하는 매실청이나 제조하는 데 손이 많이 가는 생강청, 오렌지청 등은 만드는 시간과 노력이 너무 많이 필요해 재료로 사용하기 어려울 수 있다. 필자도 카페에서 사용하는 과일청을 모두 만들어서 사용한 적이 있었으나 현실적으로 어려움이 많아 포기한 적이 있다. 비교적 만들기 쉽고 재료 수급이 무난한 부재료 레시피를 20쪽에 소개했으니, 잘 선택하여 유용하게 활용해보길 바란다.

제품 테스트

앞에서 언급한 것들을 모두 만족하더라도 결국 맛이 있어야 재료로 선택할 수 있다. 재료를 테스트할 때는 Hot, Ice 두 가지 메뉴 모두 확인하는 것은 물론이고 음료가 식고, 얼음이 녹을 때를 기다려 끝까지 맛을 확인하는 것이 중요하다. 이때 모든 재료들을 전부 사서 테스트해보는 것은 적지 않은 부담이다. 이럴 때는 커피박람회와 카페쇼 같은 커피 행사에 자주 방문해보자. 수많은 브랜드의 재료들을 맛볼 수 있을 것이다. 또 다른 방법으로는 재료 업체마다 샘플을 받아볼 수 있는 곳들이 있다. 이를 잘 활용하여 비용 부담을 줄이고 원하는 테스트를 진행하자.

MAKING GUIDE

계량의 중요성

음료를 만들 때 백번 강조해도 과하지 않은 것이 바로 계량이다. 특히 음료는 음식에 비해 사용되는 재료의 양이 적기 때문에 정확한 계량 없이 맛있는 음료를 만드는 것이 불가능하다.

일관된 맛

고객은 카페에 방문할 때 지난번 마셨던 음료의 맛을 기대한다. 하지만 올 때마다 맛이 달라지면 어떻게 될까? 손님은 방문할 때마다 불안하게 되고 결국 그 카페를 떠나게 될 확률이 높다. 정확한 계량을 통한 음료 제조는 일관된 맛을 유지하게 해준다.

레시피 수정 가능

한 번 개발한 음료 레시피는 그것으로 끝이 아니다. 지속적으로 수정하고 발전시켜야 한다. 판매가 부진한 음료는 문제를 파악하고 수정해야 하는데 정확한 계량 없이 제조된 음료는 문제를 파악하기 어렵다. 또한 상황에 따라 레시피를 달리해야 하는 경우도 있다. 추운 날씨에는 음료 온도를 높여야 하고, 더운 여름에는 얼음을 늘려야 한다. 또한 배달 음료의 경우에는 시간이 지나 얼음이 녹아도 싱거워지지 않는 레시피를 사용해야 한다. 상황에 맞게 적절히 레시피를 수정하기 위해서는 계량이 꼭 필요하다.

레시피 교육 수월

1인 카페를 하는 게 아니라면 음료를 제조하는 인원은 최소 2명 이상이다. 매출이 많이 늘어나 직원도 늘어나고 지점을 추가하는 경우도 생긴다. 이럴 때 직원 모두가 같은 맛의 음료를 만들기 위해서는 레시피 교육을 해야 한다. 레시피를 교육하고 공유하기 위해서는 정확한 분량이 필요하다. 또한 직원이 많을수록 한 스푼, 한 펌프보다는 그램, 밀리리터 등의 정확한 단위를 사용하여 레시피를 표기하자. 사람에 따라 달라지는 오차를 줄이는 것이 필수다.

필수 계량 도구

[계량컵]

액체 재료의 부피를 측정하는 데 사용한다. mL, L, oz 등의 단위를 사용하며 계량이 간편하고 세척도 쉽다. 다만 평평한 바닥에 놓고 자세를 낮춰 확인해야 하는 불편함이 있다.

[펌프]

시럽이나 소스를 계량할 때 사용한다. 가장 손쉽고 빠른 방법으로 바쁜 매장에 추천하는 방식이다. 다만 펌프를 세척하고 관리하는 것이 번거롭다는 단점이 있다.

[계량스푼]

사용이 간편하나 오차가 발생하기 쉬운 단점이 있다. 파우더를 계량할 때 주로 사용한다.

[저울]

질량을 측정하기 위해서 사용하는 도구로 카페에서 가장 많이 사용한다. 동선에 따라 저울을 2~3곳에 두는 것을 추천한다.

나만의 카페 메뉴 만들기

새로운 메뉴를 만들 때 흔히 하는 착각이 있다. 맛있게만 만들면 잘 팔릴 거라는 것이다. 하지만 카페에서 메뉴를 선정할 때는 맛과 함께 필수적으로 고려해야 할 것들이 있다. 이것들을 배제하면 맛이 있어도 팔 수 없는 메뉴가 될 수 있다. 앞으로 카페 메뉴를 개발할 때는 아래 사항들을 반드시 고려하자.

원가

카페 메뉴를 만들기 전에 고려해야 할 사항이 바로 원가다. 원가를 계산할 때는 순수 재료비를 포함하여 인건비, 임대료, 세금, 일회용품 등을 모두 고려해야 한다. 원가를 계산하지 않고 메뉴를 만들면 팔아도 남는 게 없는 일이 발생할 수 있다.

하지만 카페의 모든 메뉴가 다 원가율이 같을 수는 없다. 손님을 유입시키기 위한 미끼 상품의 경우나 박리다매를 전략으로 하는 경우 재료비가 50%까지 올라가는 경우도 있고 음료 가격이 높은 카페에서는 원가율이 10%대가 되기도 한다. 그럼에도 불구하고 평균 재료비는 25~35% 정도로 맞추는 것이 좋다.

재료

메뉴를 개발할 때 재료만큼 중요한 것은 없다. 당연한 이야기지만 재료가 없으면 음료를 만들 수가 없기 때문이다. 요즘처럼 인터넷에서 주문만 하면 바로 다음 날 배송되는 시대에 이게 무슨 소리인가라고 생각할 수도 있다. 하지만 재료를 구하지 못해 음료를 팔지 못하는 일도 종종 발생한다. 흔한 예로 생과일은 제철이 아니면 구하지 못하거나 가격이 비싸져서 재료로 사용할 수가 없고 생크림의 경우 더운 여름만 되면 생산량이 줄어 생크림 대란이 발생한다. 수입되는 재료의 경우에도 국제 상황에 따라 수입이 안 되거나 가격이 폭등하는 경우도 발생하기도 한다. 이런 재료들을 사용하는 음료가 내 카페의 주력 메뉴라면 아찔한 상황이 생길 수도 있다. 따라서 재료를 선택할 때 수급이 안정적인지 고려해야 한다. 나아가서 재료를 구할 수 없는 경우가 발생할 때를 대비해 대체 재료를 꼭 마련해놔야 한다. 생과일 대신 냉동 과일을 사용하거나 생크림 대신 휘핑크림을 사용하는 등의 대안이 있을 수 있다.

제조 난이도

카페는 손님이 몰리는 피크 시간이 존재한다. 이때 하루 매출의 대부분이 발생하기 때문에 음료를 빠르고 쉽게 제조하는 것은 아주 중요한 문제다. 음료 한 잔을 만드는 데 10분이 걸린다면 한 시간에 6잔 밖에 팔 수가 없다. 손님이 많이 와도 매출에 한계가 있을 수밖에 없는 상황이 생기는 것이다. 음료를 개발할 때 음료 한 잔의 제조 시간이 3분을 넘지 않게 레시피를 잡아야 한다. 빠르면 빠를수록 좋다. 제조 과정이 복잡하고 시간이 오래 걸리는 공정은 과감하게 포기할 필요가 있다. 이를 위해서 제조 동선을 체크하고 인기 메뉴는 기초 제조를 미리 해놓는 과정도 필요하다.

고객

많은 카페 사장이 본인이 좋아하는 메뉴를 만들고 판매한다. 하지만 돈을 내고 음료를 구매하는 것은 고객이다. 따라서 가장 먼저 생각해야 하는 것도 고객이다. 고객의 경제력, 나이대, 성별, 생활 패턴 등의 특성을 먼저 파악하고 고객이 원하는 메뉴를 판매하는 것이 무엇보다 중요하다. 상권별로 고객의 특성 차이가 있으니 이를 먼저 이해하는 것이 우선시 되어야 한다.

상권

대학가는 가격에 몹시 민감하다. 가성비가 좋고 대용량의 메뉴로 구성하는 것이 좋다. 또한 트렌드에 맞는 메뉴를 개발해야 한다. 오피스 단지는 아메리카노 같은 기본 메뉴의 판매가 많다. 손님이 몰리는 시간이 명확하고 테이크아웃의 비중이 높기 때문에 빠른 제조가 생명이다. 단체 주문에 대응할 수 있는 음료와 디저트를 메뉴에 구성하면 매출에 큰 도움이 된다. 주택가는 고객의 연령대가 다양하고 회전율이 낮다. 때문에 메뉴의 다양성이 필요하고 객단가를 높일 수 있는 디저트 메뉴를 꼭 구성해야 한다. 시럽, 수제청 등 재료를 직접 만들어 사용하는 음료에 대한 반응이 좋다. 관광지는 가격에 덜 민감한 편이다. 사진을 찍고 싶을 만큼 예쁜 시그니처 메뉴가 필수적이다. 내 카페가 위치한 상권을 정확히 파악하여 메뉴를 구성하자.

음료 비주얼 업그레이드

정확한 계량으로 맛있는 음료를 만들었다면, 이제는 비주얼로 고객을 사로잡아야 한다. 음료를 예쁘게 만드는 방법 중 가장 기본이 되는 노하우가 있다. 바로 레이어링과 높이 쌓아 담기다. 서로 다른 색상의 재료들이 섞이지 않고 층을 이루고 있는 모양이 레이어링이고 휘핑크림, 토핑 재료 등으로 높이 쌓아 담는 것이 높이 쌓아 담기다. 몇 가지 팁만 알면 누구나 쉽게 만들 수 있다.

밀도 이해하기

물에 기름을 부으면 기름은 물 위로 뜨는데 이는 밀도의 차이 때문이다. 밀도가 높은 재료는 아래로 가라앉고 밀도가 낮은 가벼운 재료는 위로 떠오른다고 이해하면 쉽다. 이런 밀도 차이를 이용해 만든 대표적인 메뉴가 '오라그랏세'이다. 우유에 연유를 넣어 밀도를 높이고 위에 밀도가 낮은 커피를 부어 층이 나눠지게 만든다. 이렇게 재료를 섞어 밀도를 변경하는 방법이 있는가 하면 재료의 형태를 바꿔 밀도를 낮추는 방법도 있다. 생크림을 휘핑하면 부피가 커지고 밀도가 낮아진다. 가벼워진 생크림은 우유나 물 위에 쉽게 뜬다.

바스푼 이용하기

아무리 밀도 차이가 있다고 해도 위에서 떨어지는 낙차 때문에 음료가 섞이는 수도 있다. 이럴 때는 컵 벽에 바스푼을 대고 음료를 스푼 위로 천천히 부어서 담는다. 바스푼이 떨어지는 힘을 상쇄하여 자연스럽게 레이어링 된다.

얼음 이용하기

Ice 음료의 경우 재료와 재료 사이에 얼음을 넣어주면 얼음이 자연스럽게 층을 나누는 역할을 한다. 특히 과일청 등의 과육은 우유나 물 위로 떠오르지만 청을 넣고 얼음을 넣어주면 청을 눌러주기 때문에 떠오르지 않는다.

음료 가격 제대로 정하기

커픽처스 유튜브 채널에 음료 레시피를 업로드하면 항상 나오는 질문이 있다. "얼마에 팔아야 하나요?"라는 질문이다. 사실 가장 대답하기 어려운 질문 중에 하나다. 판매 가격은 단순히 음료 제작 단가로만 결정되는 것이 아니라 상권, 경쟁 카페, 고객, 임대료, 인건비 등 다양한 부분을 고려해서 책정해야 하기 때문이다. 하지만 판매 가격을 결정하는 데 필자가 가장 중요하게 생각하는 요소는 음료의 가치다.

가격보다 가치　　　가치는 사전적 의미로 사물이 지니고 있는 쓸모란 뜻이다. 음료에서의 가치는 고객이 느끼는 음료의 적정 가격이다. 하나의 예를 들어보자. 카페 A에서 아메리카노를 3,000원에 판매한다. 하지만 고객은 '돈이 아깝다. 2,000원이면 사 먹겠네'라고 생각한다. 여기서 판매 가격은 3,000원이지만 가치는 2,000원이라고 할 수 있다. 반대로 카페 B에서도 아메리카노를 3,000원에 판매하지만 고객은 4,000원이라도 충분히 사 먹을 만큼 만족한다. 그렇다면 가치는 4,000원이 되는 것이다.

가격 인하는 신중히　　　이론적으로 카페 A에서는 가격을 내려야 음료를 판매할 수 있다. 하지만 현실은 가격을 내리는 결정이 최악의 수가 될 수 있다. 가격을 내려 매출이 올라도 인건비, 일회용품, 기계류 감가상각비 등의 비용이 함께 증가하기 때문이다. 또한 경쟁 카페에서 함께 가격을 내리면 올랐던 매출이 다시 제자리로 돌아오는 경우가 흔하다. 한 번 내린 가격을 다시 올리기는 불가능하기 때문에 오래 버티지 못하고 폐업의 길로 가는 카페들을 많이 보았다.

가치를 올려라　　　이런 경우 카페 A는 가격을 내리기보다 가치를 올려야 한다. 가치를 올리는 건 어렵지 않다. 가격이 비싸도 좋은 재료를 사용해보자. 실제로 필자가 카페에서 레몬청을 사용한 레모네이드를 3,000원에 판매했던 적이 있다. 하지만 판매가 잘 안되었다. 레시피를 바꿔 생 레몬 2개를 착즙하여 넣고 4,500원에 팔기 시작했다. 가격을 많이 올렸지만 오히려 잘 팔리기 시작했다. 고객은 가격보다 가치를 중요하게 생각하고 구매한다는 점을 명심해야 한다.

수백 개의 레시피를 공짜로 얻는 방법

음료 레시피를 무료로 얻는 방법은 다양하다. 필자와 같이 유튜브 채널에 레시피를 올리는 사람도 있고 블로그 또는 인스타그램을 통해 레시피를 공개하는 사람들도 있다. 그리고 음료 전문가들이 모여 수많은 테스트를 거쳐 개발한 최상의 레시피를 우리에게 그냥 무료로 알려주는 정말 고마운 곳들도 있다. 바로 음료 부재료 업체들이다. 이곳에서 원하는 레시피를 선택해보자.

전문가들이 개발한 음료 레시피

음료 부재료를 판매하는 업체들은 아래 사진처럼 자체 제품을 활용한 음료 레시피를 공개하고 있다. 성유엔터프라이즈에서 운영하는 카페57몰의 토스키 시럽 제품 상세페이지를 살펴보면, 어떤 음료에 어떻게 활용하면 좋은지 알려주면서 자세한 레시피까지 함께 소개하고 있다. 또한

01 바닐라 시럽

자극적이지 않고 은은한 바닐라 본연의 향을 품고 있는게 특징입니다. 단맛은 강하지 않지만 풍부한 바닐라 향이 매력적인 시럽 입니다.

원재료함량: 설탕, 정제수, 바닐라추출물0.8%, 천연향료(바닐라향)0.05%, 바닐린
중   량: 250ml / 1000ml

차가운 바닐라 라떼
에스프레소 30ml + 바닐라시럽 40g + 우유 170ml + 얼음 180g

07 모히또 민트 시럽

라임즙의 풍부한 맛과 민트의 상쾌한향 여름철 가장 많이 소비되는 음료중 하나인 모히또 음료를 만드는데 이상적인 시럽입니다.

원재료함량: 사탕수수설탕,정제수,라임주스 1%, 구연 산,천연향료(박하향0.3%,라임향 0.2%), 합성향료(렴향)
중   량: 250ml/1000ml

모히또 민트 에이드
모히또시럽 30ml + 얼음 150g + 탄산수 150ml

성유엔터프라이즈의 카페57몰(www.cafe57mall.co.kr)에 소개된 다양한 음료 레시피

제품을 판매하는 사이트뿐만 아니라 제품 외관에 레시피가 나와 있는 경우도 있다. 이런 레시피는 누구나 쉽게 알 수 있는 내용이라고 여겨, 전혀 가치가 없다고 생각하는 경우가 많다. 하지만 전문가들이 수많은 테스트를 거쳐 대중의 입맛에 알맞은 레시피를 소개한 것이기 때문에 충분히 활용할 가치가 있다. 제품의 상세페이지에는 레시피뿐만 아니라 많은 정보들이 들어 있다. 음료 한 잔에 그 재료가 얼마나 들어가야 하는지, 어떤 재료들과 어울리는지 그리고 최신 음료 트렌드까지도 엿볼 수 있다.

아래 사진은 흥국에프엔비 공식몰이다. 매월 이달의 메뉴를 정해 소개하면서 시기에 맞는 음료 레시피를 제공하고 있다. 또한 다양한 카페 메뉴 재료를 판매하는 것과 더불어 그에 맞는 레시피와 유익한 정보들을 사이트에 소개하고 있으니 살펴보기 바란다.

카페 토탈 솔루션 브랜드 흥국에프엔비의 흥국몰(www.mall.hyungkuk.com)에 소개된 블루베리 라임 에이드 레시피

우리는 음료 한 잔을 만들 때 수많은 브랜드의 제품을 사용할 수 있다. 이때 업체에서 제공하는 검증된 레시피를 활용한다면 조금 더 쉽게 아이디어를 얻고, 원하는 시그니처 음료까지도 개발할 수 있을 것이다. 남들도 다 알 수 있는 레시피지만 나의 관점에서 주의 깊게 살펴보면 분명 내게 꼭 필요한 정보로 돌아올 것이다. 더군다나 사이트에 들어가서 언제든 공짜로 볼 수 있다. 꼭 활용해보자.

① Coffee

Delicious Special coffee recipe

커피에 정답은 없다. 그러나 대중의 취향은 존재한다.

첫 번째 파트에서는 대중적인 고객의 취향을 맞출 수 있는 커피 레시피를 소개한다.

Café Americano

카페에서 가장 기본이 되는 메뉴이며
판매량도 가장 많은 음료다. 에스프레소와 물을 제외한
다른 재료가 들어가지 않기 때문에
에스프레소 추출에 신경을 많이 써야 하는
까다로운 커피이기도 하다.

Ice

Hot

아메리카노

Hot

300ml

에스프레소 2샷
뜨거운 물 240mL

1 잔에 뜨거운 물을 담은 뒤 에스프레소를 붓는
다.

Ice

480ml

에스프레소 2샷
물 210mL
얼음 200g

1 컵에 얼음을 채우고 물을 담은 뒤 에스프레소
를 붓는다.

TIP

에스프레소와 물의 비율은 1 : 8이 적당하다. 다만 배전도가 높은 원두를 쓸 때는 물의 비율도 그
만큼 더 높인다. Ice는 Hot보다 물을 10% 적게 넣는 것이 좋다. 또한 음료는 컵의 80~90% 정
도만 채운다. 가득 채울 경우 넘치기 쉽고 마시기도 어렵다.

Hot의 경우 에스프레소를 나중에 넣으면 크레마가 떠서 첫맛이 쓰다. 에스프레소를 먼저 넣고
물을 붓는 것이 더 좋다. 하지만 크레마가 있어야 신선하고 맛있는 커피라는 인식이 강해 대부분
의 카페에서는 에스프레소를 나중에 넣는 방법으로 만들고 있다.

Café Latte

아메리카노와 함께 카페의 기본 메뉴 중 하나다.

라떼는 이탈리아어로 '우유'를 의미하며,

에스프레소에 우유를 넣어서 만드는 간단한 메뉴다.

이름에서도 알 수 있듯이 우유의 비중이 크기 때문에

원두뿐만 아니라 우유의 특성을 잘 파악하고 선택하는 것이 중요하다.

사용하는 원두와 어떤 우유의 조합이 잘 맞는지 여러 번 테스트해봐야 한다.

Ice

Hot

카페라테

Hot

300ml

에스프레소 2샷
우유 180mL

1 잔에 에스프레소를 담고 우유를 스팀하여 붓는다.

Ice

420ml

에스프레소 2샷
우유 150mL
얼음 150g

1 컵에 얼음을 채우고 우유를 담은 뒤 에스프레소를 붓는다.

TIP

에스프레소와 우유가 1 : 5 비율이 되도록 조절한다. 대부분 고소한 라테를 선호하기 때문에 배전도가 높은 원두를 사용하는 것이 좋다. 에스프레소에는 물이 포함되어 있어 에스프레소 양이 많아지면 밍밍한 라테가 될 수 있으니 주의하자. 따뜻한 카페라테를 처음 마실 때 어떤 거품이 입에 들어오느냐에 따라 맛이 크게 달라진다. 크레마와 우유거품을 함께 마실 수 있어야 부드럽고 고소하다. 우유거품의 면적을 넓게 하는 것이 맛있는 라테를 만드는 포인트다.

Cappuccino

에스프레소에 우유를 넣는다는 점에서
카페라테와 비슷하지만, 카페라테보다 우유량은 적고
우유거품은 더 풍성하다는 차이가 있다.
카페라테의 주인공이 우유라면
카푸치노의 주인공은 우유거품이라 할 수 있다.

Ice

Hot

카푸치노

Hot

300ml

에스프레소 2샷
우유 150mL

1 잔에 에스프레소를 담고 우유를 스팀하여 붓
는다.

TIP

우유를 스팀할 때 공기주입 횟수를 늘려 거품이 카페라테보다 더 풍성해지도록 한다.

Ice

420ml

에스프레소 2샷
우유 120mL
얼음 100g

1 우유거품기에 우유를 담아 거품을 낸다.

2 컵에 얼음을 채우고 ①의 거품을 뺀 우유만 담
은 뒤 에스프레소를 붓는다.

3 스푼으로 남은 우유거품을 떠서 ② 위에 올린
다.

TIP

시나몬파우더를 뿌린 것이 카푸치노라는 인식이 많기 때문에 주문받을 때 시나몬파우더 여부
를 묻는 것이 좋다. 시나몬파우더에 갈색 설탕을 섞어서 시나몬슈거를 만들어서 뿌리면 달콤한
카푸치노를 즐길 수 있다. Ice 카푸치노는 거품을 따로 만들어야 하는 번거로움에 비해 판매량
이 적기 때문에 메뉴에서 과감히 빼는 경우도 많다.

Dry Cappuccino

잔 위로 소복이 올라온 우유거품이 매력이다.
우유거품 위에 시나몬파우더를 뿌린 모습이 마치 빵 같다고 해서
'빵푸치노'라고도 불린다. 일반 카푸치노의
촉촉한 우유거품과는 달리 수분이 모두 빠져나간
드라이한 상태의 거품을 활용한다.
거품에서 수분이 빠지는 시간이 필요해
그만큼 조리 시간이 더 추가된다.

드라이 카푸치노

300ml

에스프레소 1샷
우유 150mL
시나몬파우더 조금

1 우유를 스팀한다. 이때 공기주입 횟수를 늘려 거품을 풍성하게 만든다.

2 잔에 에스프레소를 담고 스푼으로 우유거품을 떠서 올린다. 이때 우유는 제외하고 거품만 떠서 올린다.

3 우유와 거품이 분리될 수 있도록 3분 정도 기다린다.

4 ③의 높이가 1cm 정도 올라올 때까지, 데운 우유를 붓는다.

5 마지막에 시나몬파우더를 뿌린다.

TIP
우유거품을 떠먹을 수 있도록 스푼을 함께 제공하는 것이 좋다.

Vanilla Latte

아메리카노, 카페라테와 함께
거의 모든 카페에서 볼 수 있는 필수 메뉴다.
에스프레소의 고소함과 부드러운 우유에
바닐라 풍미가 더해졌다.
달달한 커피의 대표적인 메뉴로 호불호가 적고
대중적으로 사랑받는 음료다.
바닐라시럽과 바닐라파우더를 함께 사용해서
향과 바디감을 모두 살린 레시피를 만나보자.

Ice

Hot

바닐라 라테

Hot

300ml

에스프레소 2샷
바닐라시럽 15mL
바닐라파우더 20g
우유 150mL

1 샷잔에 바닐라시럽과 바닐라파우더를 넣고
에스프레소를 추출하여 골고루 섞는다.

2 잔에 ①을 담고, 우유도 스팀하여 붓는다.

Ice

420ml

에스프레소 2샷
바닐라시럽 15mL
바닐라파우더 20g
우유 180mL
얼음 150g

1 샷잔에 바닐라시럽과 바닐라파우더를 넣고
에스프레소를 추출하여 골고루 섞는다.

2 컵에 얼음과 우유를 채운 다음 ①을 붓는다.

TIP

바닐라파우더와 에스프레소를 섞을 때 우유거품기를 사용하면 파우더를 좀 더 쉽게 녹일 수 있
다. 바닐라시럽은 깔끔한 맛을 낼 수 있고 바닐라파우더는 진한 풍미가 좋다. 바닐라 빈으로 수
제 시럽을 만들어 사용하면 더욱 생생한 바닐라 향을 낼 수 있다.

Café Mocha

초콜릿 풍미가 가득한 달콤한 커피라서

진한 커피를 못 먹는 사람도 편하게 마실 수 있다.

휘핑크림을 올리는 것이 일반적이지만

최근에는 휘핑크림을 빼달라는 요청도 많으니 확인하여 올리자.

초콜릿소스에 아몬드시럽을 추가해

초콜릿의 풍미와 견과류의 고소함을 더했다.

Ice

Hot

카페모카

Hot

300ml

에스프레소 2샷
초콜릿소스 30g
아몬드시럽 10mL
우유 150mL

1 샷잔에 초콜릿소스와 아몬드시럽을 넣고 에
   스프레소를 추출하여 골고루 섞는다.
2 잔에 ①을 담고, 우유도 스팀하여 붓는다.

Ice

420ml

에스프레소 2샷
초콜릿소스 30g
아몬드시럽 10mL
우유 180mL
얼음 150g

1 샷잔에 초콜릿소스와 아몬드시럽을 넣고 에
   스프레소를 추출하여 골고루 섞는다.
2 컵에 얼음과 우유를 채운 다음 ①을 붓는다.

TIP

초콜릿소스는 온도가 낮아지면 굳는 성질이 있다. Ice로 만들 때 초콜릿소스를 충분히 녹이지
않고 차가운 우유를 넣으면 음료가 지저분해 보일 수 있으니 주의하자. 우유거품을 올리고 초콜
릿소스를 드리즐하면 휘핑크림과 비슷한 모습의 음료를 만들 수 있다. 스팀한 우유를 붓기 전에
카카오파우더를 뿌리면 선명한 라테아트를 만들 수 있다.

Caramel Macchiato

마키아토는 이태리어로 '얼룩진'이란 뜻이다.

하얀 우유거품 위에 캐러멜소스를 뿌린 모습 때문에 붙여진 이름이다.

캐러멜소스에 바닐라시럽을 추가하여

풍미 넘치는 캐러멜마키아토를 만들어보자.

Ice

Hot

캐러멜마키아토

Hot

300ml

에스프레소 2샷
캐러멜소스 20g
바닐라시럽 10mL
우유 150mL
캐러멜소스(드리즐용) 8g

1 샷잔에 캐러멜소스 20g과 바닐라시럽을 넣고 에스프레소를 추출하여 골고루 섞는다.

2 우유를 스팀하여 잔에 담고 ①을 가운데에 붓는다.

3 마지막으로 캐러멜소스를 드리즐한다.

Ice

420ml

에스프레소 2샷
캐러멜소스 20g
바닐라시럽 10mL
우유 180mL
얼음 150g
캐러멜소스(드리즐용) 8g

1 우유거품기에 우유를 넣어 거품을 낸다.

2 샷잔에 캐러멜소스 20g과 바닐라시럽을 넣고 에스프레소를 추출하여 골고루 섞는다.

3 컵에 얼음과 우유를 채우고 스푼으로 우유거품을 올린다.

4 우유거품 위에 ②를 붓는다.

5 마지막에 캐러멜소스를 드리즐한다.

TIP

캐러멜마키아토는 단 음료를 기대하고 주문하기 때문에 충분히 달게 만드는 게 좋다. 우유거품 대신 휘핑크림을 올리고 캐러멜소스를 드리즐하기도 한다.

Espresso Con Panna

이탈리아어로 '콘 = 넣다', '파냐 = 크림'이란 뜻이다.
달콤한 크림을 올려, 에스프레소를 처음 접하는 사람도
부담 없이 즐길 수 있는 메뉴다.

에스프레소 콘파냐

Hot

90ml

에스프레소 1샷
생크림 50mL
설탕 5g

1 생크림에 설탕을 넣고 거품기로 휘핑한다.

2 잔에 에스프레소를 담고 ①의 생크림을 올린다.

TIP

생크림을 70~80% 정도로 단단하게 휘핑하면 스푼으로 크림을 떠먹는 스타일의 콘파냐가 된다. 반대로 20~30% 정도로 살짝 휘핑하면 스푼 없이 크림을 마실 수 있는 스타일이 된다.

Espresso Chocolat

쇼콜라는 프랑스어로 '초콜릿'이란 뜻으로, 에스프레소에
초콜릿과 우유를 넣어 부드러움과 달콤함을 끌어올린 메뉴다.
초콜릿이 들어간다는 점에서 카페모카와 유사하지만
카페모카보다 훨씬 더 진한 맛이다.

에스프레소 쇼콜라

Hot

60ml

에스프레소 1샷
초콜릿소스 10mL
우유 20mL
초콜릿 5g
카카오파우더 조금

1 에스프레소 잔에 초콜릿소스를 넣고 에스프레소를 추출한다.

2 우유를 스팀하여 ①에 붓는다.

3 ②에 초콜릿을 올리고 카카오파우더를 뿌린다.

TIP

카카오 함량이 높은 초콜릿소스를 사용하면 풍미가 좋으나 쓴맛도 강하다. 취향에 따라 설탕을
첨가하는 것도 좋다.

Orange Espresso

가라앉아 있는 오렌지시럽 덕분에 마실수록
달콤한 디저트 같다는 느낌이 든다.
오렌지시럽이 레이어된 비주얼도 뛰어나서
이색적인 시그니처 메뉴로 추천한다.

오렌지 에스프레소

─── ○ *Hot*

90ml

에스프레소 1샷
생크림 25mL
바닐라시럽 6mL
오렌지시럽 15mL
└ p20 참고

1 생크림에 바닐라시럽을 넣고 3초 정도 짧게 휘핑한다.

2 잔에 오렌지시럽을 넣고 에스프레소를 시럽과 레이어 되도록 스푼을 대고 천천히 붓는다.

3 ②의 가운데에 스푼을 대고 ①을 천천히 붓는다.

TIP ○─────────────────────────────────────○

수제 바닐라시럽을 사용하면 더욱 부드럽고 풍미 좋은 바닐라크림을 만들 수 있다.

Black Sugar Coffee

흑당시럽이 컵을 타고 흘러내리는 모습이
마치 호랑이 무늬 같아 더 특별한 음료다.
흑당 특유의 풍부한 단맛이 에스프레소
그리고 우유와 잘 어울려 자꾸만 생각난다.

흑당커피

Ice

420ml

에스프레소 2샷
흑당시럽 35mL
우유 180mL
얼음 150g

1 컵 벽면에 흑당시럽을 바른다.

2 ①에 얼음과 우유를 채운 다음 에스프레소를 붓는다.

TIP

흑당시럽은 입구가 뾰족한 소스통에 담아 사용하면 컵 벽면에 쉽게 바를 수 있다. 흑당시럽을 냉장 보관하면 점도가 찐득해져 컵에 바를 때 형태가 오래 유지된다.

Flat White

뉴질랜드에서 시작된 플랫 화이트는 평평하다는 뜻의 플랫Flat과
우유를 뜻하는 화이트White가 조합된 이름이다.
호주와 뉴질랜드에서 크게 유행했으며 몇 년 전부터
우리나라에서도 인기가 높아져 취급하는 카페가 점점 늘고 있다.
에스프레소와 우유가 들어간다는 점에서 카페라테와 비슷하지만
카페라테보다 우유거품이 적고 대신 입자가 고운
마이크로폼이 올라가는 것이 특징이다.

Ice

Hot

플랫 화이트

Hot

240ml

에스프레소 2샷
우유 150mL

1 잔에 에스프레소를 담고 우유를 스팀하여 붓
는다.

Ice

300ml

에스프레소 2샷
얼음 80g
우유 120mL

1 컵에 얼음을 채우고 우유를 담은 뒤 에스프레
소를 붓는다.

TIP
강배전 원두를 사용하는 카페라테보다 우유량이 적기 때문에 중배전 정도의 원두가 어울린다.
리스트레토로 추출하면 더욱 진하고 고소한 커피를 즐길 수 있다. Hot의 경우 우유의 온도를 카
페라테보다 덜 뜨거운 50℃ 정도로 한다.

Einspanner

옛날 오스트리아 빈의 마부들이 마차를 끌면서 커피를 마실 때, 흔들려서 넘

치는 것을 방지하기 위해 크림을 올려 먹은 데서 시작했다고 전해진다.

크림이 올라가는 커피는 대부분의 카페에서 기본 메뉴로 넣을 만큼

대중적으로 인기 있다. 고소한 크림에 바닐라시럽과

헤이즐넛시럽을 추가하여 풍미를 더해보자.

아인슈페너는 크림이 중요하기 때문에 동물성 생크림과

식물성 휘핑크림의 차이와 특성을 잘 이해할 필요가 있다.

Ice

Hot

아인슈페너

300ml

에스프레소 2샷
생크림 60mL
바닐라시럽 15mL
헤이즐넛시럽 20mL
뜨거운 물 180mL
카카오파우더 조금

1 생크림에 바닐라시럽을 넣고 휘핑한다. 이때 점도는 요거트 정도가 알맞다.

2 잔에 헤이즐넛시럽과 뜨거운 물을 넣고 에스프레소를 붓는다.

3 ②에 스푼을 대고 ①을 천천히 붓는다. 마지막에 카카오파우더를 뿌린다.

Ice

420ml

에스프레소 2샷
생크림 60mL
바닐라시럽 15mL
헤이즐넛시럽 20mL
물 150mL
얼음 80g
카카오파우더 조금

1 생크림에 바닐라시럽을 넣고 휘핑한다. 이때 점도는 요거트 정도가 알맞다.

2 컵에 얼음과 물, 헤이즐넛시럽을 넣고 에스프레소를 부어 골고루 섞는다.

3 ②의 얼음 위로 ①을 붓는다. 이때 서로 섞이지 않고 층이 분리되도록 한다.

4 마지막에 카카오파우더를 뿌린다.

TIP

식물성 휘핑크림보다 고소하고 풍미가 좋은 동물성 생크림을 사용하는 것이 좋다. 카페에서는 당일 사용할 분량을 미리 휘핑해두고 음료 제조 시 거품기로 위아래 섞어서 사용하면 간편하다.

Pistachio Einspanner

피스타치오의 청록색이 매력적인 음료다.

피스타치오를 빻아 토핑하여 고소한 맛을 극대화하고

고급스러운 비주얼까지 완성했다.

피스타치오 아인슈페너

Ice

360ml

피스타치오크림

피스타치오파우더 15g

생크림 25mL

우유 25mL

에스프레소 2샷

우유 150mL

얼음 80g

피스타치오 8g

카카오파우더 조금

1 생크림에 우유와 피스타치오파우더를 넣고 우유거품기로 휘핑해 피스타치오크림을 만든다.

2 컵에 얼음과 우유를 넣고 에스프레소를 붓는다.

3 ③에 전체적으로 카카오파우더를 뿌린 다음 피스타치오크림을 붓는다.

4 마지막에 피스타치오를 빻아서 토핑한다.

TIP

피스타치오크림을 만들 때 피스타치오 페이스트를 사용하면 고급스러운 맛의 크림을 만들 수 있다. 다만 단가가 높기 때문에 재료비와 판매 단가를 고려해보고 판단해야 한다.

Cream Latte

카페라테 위에 크림을 올린 커피 메뉴로

크림 라테, 아인슈페너, 크림슈페너 등 카페마다 이름이 다르다.

달콤한 크림과 고소한 우유의 조합이 매력인 음료다.

크림의 배합과 비밀 레시피를 개발하여 수많은 카페에서

시그니처 메뉴로 만드는 커피이기도 하다.

이번 레피시에서는 크림 모양을 유지하기 위해

식물성 휘핑크림을 함께 사용했다.

크림 라테

Ice

360ml

에스프레소 2샷
생크림 40mL
휘핑크림 20mL
설탕 8g
우유 150mL
얼음 80g
카카오파우더 8g

1 생크림에 휘핑크림과 설탕을 넣고 휘핑한다. 이때 점도는 뿔이 뾰족하게 생길 정도가 알맞다.

2 컵에 얼음과 우유를 넣고 ①의 크림을 스푼으로 떠서 올린다. 마지막에 토핑할 크림 한 스푼은 남긴다.

3 ②의 크림 위로 에스프레소를 붓고 카카오파우더를 충분히 뿌린다.

4 마지막에 남은 크림을 한 스푼 떠서 올린다.

TIP

마지막에 크림을 올릴 때 스푼을 사용하면 예쁘게 올릴 수 있다.

Cream Mocha

부드러운 크림과 달콤한 초콜릿의 만남이 일품이다.
카카오파우더가 초콜릿의 풍미를 더해줘서 잔을 들었을 때
카카오의 진한 향이 코로 먼저 들어온다.
하얀 크림을 동그랗게 올리기 위해서는
충분한 연습이 필요하다.

크림 모카

300ml

바닐라크림
생크림 60mL
바닐라시럽 10mL

에스프레소 2샷
초콜릿소스 15g
초코라테파우더 20g
우유 150mL
카카오파우더 8g

1 생크림에 바닐라시럽을 넣고 우유거품기로 휘핑한다.

2 잔에 초콜릿소스와 초코라테파우더, 에스프레소를 넣고 골고루 섞는다.

3 ② 위에 공기를 주입하지 않고 데운 우유를 천천히 붓는다.

4 ③ 위에 카카오파우더를 전체적으로 충분히 뿌린 다음 ①의 바닐라크림을 천천히 붓는다.

TIP
우유거품이 있으면 크림이 밑으로 가라앉기 때문에 비주얼이 예쁘게 나오지 않을 수 있다. 우유 거품이 들어가지 않도록 하는 것이 포인트다.

Lotus Latte

커피와 함께 먹기 좋은 로투스 쿠키로 만든 음료다.
쿠키가 바삭하게 씹히는 로투스크림을 올리고
헤이즐넛시럽을 추가해 고소함을 더했다.

로투스 라테

420ml

로투스크림
생크림 50mL
로투스 비스코프 1개

에스프레소 2샷
로투스 스프레드 30g
헤이즐넛시럽 20mL
우유 150mL
얼음 100g
로투스 크럼블 조금

1 로투스 비스코프를 잘게 부숴 생크림에 넣고 휘핑해 로투스크림을 만든다.

2 샷잔에 에스프레소를 추출해 로투스 스프레드를 담고 골고루 섞는다.

3 컵에 얼음과 우유를 채우고 ②를 넣어 저어준다.

4 ③의 얼음 위로 로투스크림을 천천히 붓는다.

5 마지막에 로투스 크럼블을 올려 토핑한다.

TIP

로투스 크럼블이 없다면 로투스 비스코프를 잘게 부숴서 사용해도 된다.

Toffee Nut Latte

토피넛은 캐러멜 맛이 나는 영국 간식 '토피'와
견과류 '너트'를 함께 다져서 만든 바삭하고 달콤한 재료다.
인기 프랜차이즈 카페에서 모두 판매할 만큼 유명하며
꾸준히 사랑받는 음료다.

Ice

Hot

토피넛 라테

Hot

300ml

에스프레소 1샷
토피넛파우더 40g
우유 200mL
캐러멜 너트 크런치 3g

1 샷잔에 토피넛파우더를 넣고 에스프레소를
추출하여 골고루 섞는다.

2 잔에 ①을 담고 우유도 스팀하여 붓는다.

3 우유거품을 떠서 ② 위에 올리고 캐러멜 너트
크런치로 토핑한다.

TIP ○─────────────────────────────

에스프레소의 양이 적어 토피넛파우더가 잘 안 녹을 때는 스팀우유를 함께 넣어 녹인다. 캐러멜
너트 크런치가 없을 땐 캐러멜소스를 드리즐해서 완성한다.

Ice

420ml

에스프레소 1샷
토피넛파우더 40g
우유 200mL
얼음 150g

1 샷잔에 토피넛파우더를 넣고 에스프레소를
추출하여 골고루 섞는다.

2 컵에 얼음과 우유를 채운 다음 ①을 붓는다.

TIP ○─────────────────────────────

토피넛 라테는 카페마다 에스프레소 유무가 다르다. 주문한 고객에게 커피가 들어간다는 것을
미리 안내하는 것이 좋다.

Pink Salt Latte

달콤한 커피 위에 짭짤한 크림이 올라가는
단짠단짠의 조합이 매력적인 커피다.
크림에는 치즈파우더를 첨가해 풍미를 더하고
히말라야 핑크소금을 토핑하여 풍부한 짠맛을 내보자.

핑크소금 라테

치즈크림
생크림 30mL
우유 30mL
치즈파우더 15g

에스프레소 2샷
연유 40g
우유 180mL
얼음 150g
핑크소금 조금

1 생크림에 우유와 치즈파우더를 넣고 휘핑한다.

2 샷잔에 에스프레소를 추출하고 연유를 넣는다.

3 컵에 얼음과 우유를 채운 다음 ②를 붓고 섞는다.

4 ③의 얼음 위로 ①을 천천히 붓는다.

5 마지막에 핑크소금을 토핑한다.

TIP

치즈파우더 대신 크림치즈를 풀어서 사용해도 풍부한 치즈 맛을 낼 수 있다.

Dolce Cold Brew

달콤한 연유와 부드러운 콜드브루가 만났다.

우유에 생크림을 추가해 고소하고 풍미가 좋다.

콜드브루 특유의 부드러움으로 목 넘김이 좋은 커피 메뉴다.

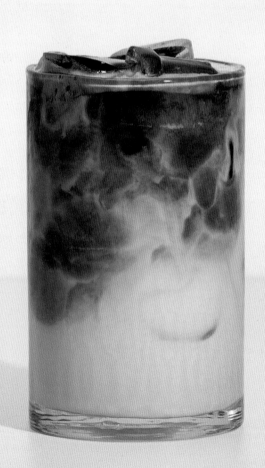

돌체 콜드브루

Ice

480ml

콜드브루 60mL
연유 30g
바닐라시럽 10mL
생크림 30g
우유 180mL
얼음 150g

1 컵에 연유, 바닐라시럽, 생크림, 우유를 모두 넣고 잘 섞는다.

2 ①에 얼음을 넣는다.

3 콜드브루를 천천히 붓는다.

TIP

콜드브루 대신 에스프레소를 넣으면 돌체 라테가 된다.

Black Latte

블랙은 흔한 색상이지만 음료에서는 좀처럼 보기 힘들다.

완벽한 블랙의 베이스가 하얀 우유 위에서 서서히 내려오는 것이

이 음료의 포인트다.

블랙 라테

Ice

420ml

에스프레소 1샷
딥 블랙 카카오파우더 5g
헤이즐넛시럽 20mL
연유 15g
우유 180mL
얼음 150g

1 샷잔에 딥 블랙 카카오파우더를 넣고 에스프레소를 추출하여 골고루 섞는다.

2 컵에 헤이즐넛시럽, 연유, 우유를 넣어 잘 섞고 얼음을 채운다.

3 ②의 컵 벽에 돌려가며 ①을 붓는다.

TIP
딥 블랙 카카오파우더는 쓴맛이 강하기 때문에 너무 많이 넣지 않는다.

Black Sesame Latte

강릉의 한 카페에서 시작하여 전국적으로 유행하게 되었다.
흑임자의 고소함이 입안 가득히 퍼지는 커피다.
흑임자가루와 서리태가루를 함께 넣어 고소함이 더 커졌다.

흑임자 라테

Ice

420ml

흑임자크림
생크림 80mL
흑임자가루 10g
서리태가루 10g
설탕 8g

에스프레소 2샷
우유 120mL
얼음 120g

1 생크림에 흑임자가루, 서리태가루, 설탕을 넣고 휘핑한다.

2 컵에 얼음과 우유를 담고 ①을 붓는다.

3 에스프레소를 크림 위에 붓는다.

TIP
에스프레소를 흑임자크림 위로 바로 추출하면 더 예쁜 비주얼을 만들 수 있다.

Matcha Shot Latte

말차는 차광 재배한 어린 녹차를 곱게 갈아 만든 것이다.

찻잎을 우려서 마시는 녹차와 달리 찻잎을 갈아서 먹는

말차는 더욱 진한 녹차의 맛을 느낄 수 있다.

때문에 녹차의 에스프레소라고 불리기도 한다.

말차 본연의 깊은 맛에 에스프레소의 고소함이 잘 어울리는

베리에이션 음료다.

말차 샷 라테

Ice

420ml

말차베이스
말차파우더 30g
뜨거운 물 30mL

에스프레소 2샷
우유 180mL
얼음 150g

1 뜨거운 물에 말차파우더를 녹여서 말차베이스를 만든다.

2 컵에 ①을 넣고 얼음을 채운다.

3 말차베이스와 우유가 섞이지 않도록 우유를 천천히 붓는다.

4 마지막에 에스프레소를 붓는다.

TIP

말차파우더를 데운 우유에 녹이면 진한 음료를 만들 수 있지만 뜨거운 물로 녹이는 것이 제조가
간편하다. 말차가루(100%)를 추가하면 더욱 진한 말차 맛을 느낄 수 있다.

Cream Puff Latte

스타벅스에서 매년 봄 시즌 음료로 출시하여
대박 행진을 이어 가는 음료다.
일반 카페에서도 꾸준히 사랑받는 인기 메뉴다.

슈크림 라테

Ice

480ml

슈크림
생크림 80mL
바닐라시럽 10mL
슈크림파우더 40g

에스프레소 2샷
캐러멜시럽 10mL
우유 180mL
얼음 180g

1 생크림에 바닐라시럽, 슈크림파우더를 넣고 휘핑해 슈크림을 만든다.

2 샷잔에 캐러멜시럽을 넣고 에스프레소를 추출한다.

3 컵에 얼음을 담고 우유를 넣은 뒤 ②를 붓는다.

4 마지막에 슈크림을 천천히 붓는다.

TIP
슈크림의 점도에 따라 다양한 식감의 슈크림 라테를 만들 수 있다. 마지막에 시나몬파우더를 뿌려도 잘 어울린다.

Butter Cream Latte

흔히 스카치캔디 맛이 난다고 하는 음료로 버터의 풍미와
부드러운 생크림, 고소한 에스프레소의 조합이 매력이다.
버터크림 베이스를 만들어두면 음료 제조가 간편해서
카페에서 충분히 판매하기 좋은 메뉴다.

버터크림 라테

Ice

360ml

버터크림

에스프레소 1샷

버터스카치소스 20g

└ p20 참고

생크림 40mL

우유 10mL

연유 15g

우유 180mL

얼음 60g

1 버터스카치소스에 에스프레소를 넣어 골고루 섞는다.

2 ①에 생크림과 우유 10mL를 넣고 휘핑해 버터크림을 만든다.

3 컵에 연유와 우유 180mL를 넣고 잘 섞는다.

4 ③에 얼음을 채우고 버터크림을 천천히 부어 레이어링한다.

TIP

버터크림과 연유우유를 미리 만들어 놓으면 음료 제조가 간편하다. 연유는 우유의 밀도를 높여 주기 때문에 버터크림과 레이어링하는 데 도움을 준다.

Orange Bianco

오렌지 과육을 넣어 상큼함과 식감을 살린 커피다. 오렌지청
의 달콤함과 고소한 에스프레소의 조합이 의외로 잘 어울려
마니아가 많은 메뉴다. 비앙코는 이탈리아어로 'White'를 의
미하는데 하얀 우유거품 위에 오렌지 슬라이스가 올라가 붙여
진 이름이다.

오렌지 비앙코

Ice

420ml

오렌지청 50g
에스프레소 2샷
우유 150mL
얼음 120g
오렌지 슬라이스 1조각

1 우유거품기에 우유를 넣어 거품을 낸다.

2 컵에 오렌지청과 얼음, 거품 뺀 우유를 담고 에스프레소를 붓는다.

3 에스프레소 위에 ①의 우유거품을 스푼으로 떠서 올린다.

4 마지막에 오렌지 슬라이스를 올려 가니시한다.

TIP

우유거품을 먼저 만들어놓고 거품이 단단해졌을 때 사용해야 오렌지 슬라이스가 가라앉지 않는다. 말린 오렌지를 사용하면 보관과 제조가 간편하다. 오렌지 과육이 있으니 버블 빨대를 제공하자.

Coconut Smoothie Coffee

베트남에 가면 꼭 먹어야 하는 유명한 메뉴다.
달콤하면서 고소한 코코넛에 아이스크림, 에스프레소가 어우러져
여름 최고의 음료로 꼽을 수 있다.
운영하던 카페에서 아주 사랑받은 메뉴 중 하나다.

코코넛 스무디 커피

Ice

480ml

에스프레소 2샷
바닐라 아이스크림 120g
코코넛파우더 40g
우유 150mL
연유 10g
얼음 180g

1 볼에 바닐라 아이스크림과 코코넛파우더, 우유, 연유를 담고 마지막에 얼음을 넣어 블렌딩한다.

2 컵에 ①을 3/4 정도만 담고 에스프레소를 붓는다.

3 마지막에 남은 ①을 올린다.

TIP
스무디가 묽으면 높이 쌓기가 어렵다. 얼음과 우유량을 조절해 단단한 스무디를 만들어야 한다.

Excellent Latte

네모난 엑설런트 아이스크림이 동동 떠워져 있는 모습이
귀여운 메뉴다. 진하고 고소한 커피와 바닐라 아이스크림의
조화가 훌륭하다. 우유량이 많으면
아이스크림 맛을 느낄 수 없으니 작은 잔에 만드는 게 좋다.

엑설런트 라테

Ice

240ml

에스프레소 2샷
엑설런트 아이스크림 1개
우유 120mL

1 잔에 엑설런트 아이스크림을 담고 우유를 붓는다.

2 떠오른 아이스크림 위로 에스프레소를 붓는다.

TIP

아이스크림을 1분 정도 녹인 후에 마시는 것이 좋다. 꼭 안내하자. 바닐라시럽을 10mL 추가해서 바닐라 향을 더하는 것도 방법이다. 얼음을 넣으면 아이스크림이 잘 녹지 않기 때문에 얼음은 넣지 않는다.

Mint Americano

페퍼민트와 아메리카노의 조합이 이색적인 커피.
아메리카노를 청량하게 마실 수 있는 매력적인 커피다.
특히 더운 여름에 시즌 메뉴로 추천한다.

민트 아메리카노

Ice

420ml

에스프레소 1샷
페퍼민트 티백 1개
뜨거운 물 50mL
얼음 200g
물 100mL
애플민트 조금

1 페퍼민트 티백을 뜨거운 물 50mL에 넣고 4분간 우린다.

2 컵에 얼음과 물 100mL를 채우고 ①을 붓는다.

3 ②에 에스프레소를 붓는다.

4 마지막에 애플민트를 올려서 가니시한다.

TIP

페퍼민트 티는 당일 사용분을 미리 우려 두고 사용하면 음료 제조 시간이 빨라진다.

Mint Milk Tea Coffee

청량하고 부드러운 페퍼민트 밀크티에 에스프레소를 넣은 커피다. 페이스북 창업자 저커버그가 사랑하는 커피로 유명한 '민트 모히토 커피'를 모티브로 만든 메뉴다. 흔히 볼 수 없는 커피이기 때문에 시그니처 메뉴로 적극 추천한다.

민트 밀크티 커피

Ice

300ml

페퍼민트 밀크티
페퍼민트 티백 1개
뜨거운 물 30mL
비정제 설탕 8g
소금 한 꼬집
우유 100mL

에스프레소 1샷
얼음 80g
애플민트 조금

1 뜨거운 물에 페퍼민트 티백을 넣고 4분간 우린 다음 설탕과 소금을 넣어 녹인다.

2 ①에 우유를 넣은후 냉장고에 10시간 정도 냉침한다.

3 컵에 얼음과 페퍼민트 밀크티를 채운다.

4 ①에 에스프레소를 붓는다

5 마지막에 애플민트를 올려서 가니시한다.

TIP

생크림을 휘핑해서 올려도 잘 어울린다.

❷ Non Coffee

Delicious Special Non Coffee Recipe

두 번째 파트에서는 세련된 비주얼과 색다른 재료 조합을 선보일 수 있는
논커피 레시피를 소개한다. 카페 메뉴를 설계할 때 가장 고민이 되는 메뉴들이다.
최근 인기 메뉴는 물론 꼭 갖춰야할 기본이 되는 메뉴도 빼놓지 않았다.

Real Strawberry Latte

새콤달콤한 딸기와 부드러운 우유의 만남,

딸기 라테는 유행을 타지 않는 베스트셀러 음료다.

일 년 내내 맛있는 딸기 라테를 만들 수 있도록

생 딸기, 냉동 딸기, 딸기청 각각을 활용한

3가지 딸기 라테 레시피를 소개한다.

리얼 딸기 라테

Ice

420ml

바닐라크림
생크림 60mL
바닐라시럽 10mL

딸기 200g
설탕 20g
우유 50mL
얼음 80g
딸기(토핑용) 2개
데코스노우 조금

1 볼에 딸기와 설탕을 넣고 블렌딩해서 딸기 주스를 만든다.

2 생크림에 바닐라시럽을 넣고 휘핑해 바닐라크림을 만든다.

3 토핑용 딸기 1개를 슬라이스해서 컵 벽면에 붙인 다음 얼음을 채우고 우유를 붓는다.

4 얼음 위로 딸기 주스를 천천히 붓는다.

5 ④에 바닐라크림을 올리고 토핑용 딸기 1개를 가니시한다.

6 마지막에 데코스노우를 뿌려서 완성한다.

TIP

토핑용 딸기 슬라이스는 당일 사용분을 미리 잘라놓으면 제조 시간을 줄일 수 있다. 또한 되도록 얇게 잘라야 컵에 잘 붙는다.

Strawberry Latte

짧은 생 딸기 시즌에 구애 없이
일 년 내내 한결같은 딸기 라테를 선보일 수 있는
냉동 딸기를 활용한 레시피다.

딸기 라테

○

Ice

480ml

냉동 딸기 120g
뜨거운 물 30mL
딸기베이스 50g
우유 200mL
얼음 50g

1 볼에 냉동 딸기와 뜨거운 물을 넣어 살짝 녹인 후 블렌딩한다.

2 컵에 ①을 담고 딸기베이스와 얼음을 채운다.

3 우유가 섞이지 않도록 ②에 천천히 붓는다.

TIP ○

물을 넣지 않고 블렌딩하면 냉동 딸기가 가루가 될 수 있으니 주의하자.

Strawberry Milkfoam Latte

냉동 딸기 대신 딸기청을 사용해
시즌에 상관없이 즐길 수 있는 레시피다.
커픽처스만의 노하우가 담긴
딸기청 레시피를 활용해 준비해보자.

딸기밀크폼 라테

Ice

480ml

딸기밀크폼
딸기시럽 5mL
우유 30mL

딸기청 80g
└→ p20 참고
우유 180mL
얼음 200g

1 컵에 딸기청을 담고 얼음을 채운다.

2 얼음 위로 우유 180mL를 천천히 부어 레이어링한다.

3 우유 30mL에 딸기시럽을 넣고 우유거품기로 거품을 내 딸기밀크폼을 만든다.

4 ②에 딸기밀크폼을 올린다.

TIP

제조 부담이 있을 때는 딸기밀크폼을 과감히 빼도 문제없다.

blueberry Latte

블루베리는 인기가 많은 재료지만 가격이 비싸고 맛이 강하지
않아 음료로 만들기가 쉽지 않다. 그래서 보관이 쉽고 가격도
착한 냉동 블루베리를 활용한 레시피를 만들었다. 블루베리
퓌레를 만들어 블루베리가 충분히 느껴지도록 해보자.

블루베리 라테

Ice

420ml

블루베리 퓌레 80g
얼음 100g
우유 200mL

1 컵에 블루베리 퓌레를 담는다.

2 ①에 얼음을 채우고 우유를 붓는다.

TIP

블루베리 퓌레 만들기

냉동 블루베리 400g을 전자레인지에 2분 정도 돌려 해동한 후 곱게
간다. 여기에 설탕 120g, 레몬즙 25mL를 넣고 잘 섞으면 블루베리
퓌레가 완성된다. 블루베리 퓌레를 냄비에 담아 한소끔 끓인 뒤 냉장
보관하면 점성도 높아지고 보관도 2주까지 가능해진다.

Matcha Latte

최근 카페들을 가보면 녹차 대신 말차가 자리를 차지하고 있다.
다른 첨가물이 들어가지 않은 말차 100%로 만든 말차 라테는
달지 않은 깊은 맛을 낼 수 있어 좋다.

말차 라테

Ice

420ml

말차베이스
말차가루(100%) 7g
설탕 23g
소금 한 꼬집
뜨거운 물 30mL

우유 200mL
얼음 150g

1 뜨거운 물에 말차가루, 설탕, 소금을 넣고 우유거품기로 잘 풀어서 말차베이스를 만든다.

2 컵에 얼음과 우유를 채운다.

3 말차베이스가 ②의 컵 벽으로 자연스럽게 흘러내리도록 붓는다.

TIP
말차베이스를 미리 만들어 소스통에 담아두면 제조하기 편리하다.

Chocolate Tree Forest

갈색의 초콜릿과 초록색 말차가 레이어 된 모습이
꼭 나무 같다고 하여 붙여진 이름이다.
초콜릿과 말차의 달콤 쌉싸름한 조합이 뛰어나
모두에게 사랑받는 음료다.

초코나무숲

Ice

420ml

초콜릿크림
생크림 80mL
초콜릿소스 20g
초코라테파우더 10g

말차파우더 30g
뜨거운 물 30mL
우유 180mL
얼음 100g
카카오파우더 조금

1 뜨거운 물에 말차파우더를 넣고 녹인다.

2 생크림에 초콜릿소스와 초코라테파우더를 넣고 휘핑하여 초콜릿크림을 만든다.

3 컵에 ①을 붓고 얼음과 우유를 채운다.

4 ③의 우유와 서로 섞이지 않도록 천천히 초콜릿크림을 붓는다.

5 마지막에 카카오파우더를 토핑한다.

TIP

말차 함량이 높은 말차파우더를 사용해야 말차가 초콜릿 맛에 묻히지 않는다.

Real Chocolate

카카오 100% 파우더로 만든 초콜릿소스를 사용해 진한 맛을
냈다. 초콜릿음료가 너무 달면 오히려 금방 질리기 마련이다.
달지 않고 부드러운 풍미의 초콜릿음료를 만들 수 있을 것이
다. 수제 초콜릿소스는 우유와 잘 섞이기 때문에 따로 녹일 필
요도 없어 사용이 편리하다.

Ice

Hot

리얼 초콜릿

Hot

300ml

수제 초콜릿소스 70g
└ p20 참고
우유 200mL
카카오파우더 조금
마시멜로우 1개

1 잔에 수제 초콜릿소스를 담는다.

2 우유를 스팀하여 ①에 과감하게 부어준다.

3 카카오파우더를 토핑하고 마시멜로우를 올린
다.

Ice

360ml

수제 초콜릿소스 70g
└ p20 참고
우유 180mL
얼음 100g

1 컵에 얼음과 우유를 채운다.

2 수제 초콜릿소스를 ①의 컵 벽으로 돌려가면
서 붓는다.

TIP
초콜릿소스는 소스통에 담아 사용하면 컵 벽에 붓기 편하다.

Earl Grey Chocolate Latte

향긋한 얼 그레이크림이 먼저 느껴지고
묵직한 초콜릿 풍미가 뒤에 따라오는 조합.
비가 오거나 날씨가 우중충할 때 특히 생각나는 음료다.

얼 그레이 초코 라테

420ml

얼 그레이크림
생크림 80mL
얼 그레이파우더 20g

초콜릿소스 20g
초코라테파우더 10g
뜨거운 물 조금
우유 150mL
얼음 100g
카카오파우더 조금

1 초콜릿소스와 초코라테파우더에 뜨거운 물을 조금 넣어 녹인다.

2 컵에 ①의 초콜릿베이스와 우유를 넣고 골고루 섞은 뒤 얼음을 채운다.

3 생크림에 얼 그레이파우더를 넣고 휘핑하여 얼 그레이크림을 만든다.

4 ②에 얼 그레이크림을 붓고 카카오파우더를 토핑한다.

TIP

카카오파우더는 설탕이 들어가지 않은 카카오 100% 제품을 사용해야 진한 초콜릿 풍미를 느낄 수 있다.

Dalgona Latte

달고나는 단맛과 함께 쌉싸름한 맛이 있고 특유의 향이 있어
다양한 음료에 잘 어울린다. 밀크티에 달고나를 토핑한 '달고
나 밀크티'가 가장 유명하지만 우유에 달고나만 넣어도 맛있
게 즐길 수 있다.

달고나 라테

Ice

420ml

달고나 분태 30g
우유 200mL
얼음 150g

1 컵에 얼음과 우유를 채운다.

2 달고나 분태를 스푼으로 떠서 ①에 올린다.

TIP

일반 우유보다 멸균 우유를 사용하는 것이 더욱 풍미 있는 달고나 라테를 만들 수 있다. 달고나
라테에 에스프레소를 추가하면 달고나 커피가 된다.

Real Sweet Potato Latte

달콤한 군고구마와 고소한 우유의
완벽한 조화를 맛볼 수 있는 음료다.

Ice

Hot

리얼 고구마 라테

Hot

390ml

군고구마 150g
우유 200mL
설탕시럽 15mL
생크림 40mL
설탕 5g
고구마슈레드 적당량

1 볼에 군고구마와 우유, 설탕시럽을 넣고 블렌딩한다.

2 ①을 스팀하여 잔에 담는다.

3 생크림에 설탕을 넣고 휘핑해 ②에 올린다.

4 마지막에 고구마슈레드를 토핑한다.

Ice

420ml

군고구마 100g
우유 150mL
설탕시럽 15mL
얼음 100g
생크림 40mL
설탕 5g
고구마슈레드 적당량

1 볼에 군고구마와 우유, 설탕시럽을 넣고 블렌딩한다.

2 컵에 얼음을 채우고 ①을 붓는다.

3 생크림에 설탕을 넣고 휘핑해 ②에 올린다.

4 마지막에 고구마슈레드를 토핑한다.

TIP

냉동 군고구마를 사용할 때는 얼음양을 줄인다. 설탕시럽은 고구마의 당도에 따라 조절하는 것이 좋다. 고구마를 구워 냉동 보관할 때는 5cm 정도 크기로 잘라서 냉동해야 바로바로 사용하기 편하다.

Mugwort Cream Latte

쌉싸름한 쑥을 부드러운 크림과 섞어

목 넘김이 좋은 음료로 만들었다.

쑥을 좋아하지 않는 사람도 거부감 없이 마실 수 있다.

쑥의 색감도 예쁘고 향도 좋아 봄 시즌 메뉴로 강력 추천한다.

쑥크림 라테

Ice

420ml

쑥크림

쑥가루(100%) 5g
생크림 50mL
우유 30mL
바닐라시럽 20mL

우유 180mL
얼음 100g
우유(거품용) 50mL
루모라고사리 1줄기

1 생크림에 쑥가루, 우유 30mL, 바닐라시럽을 넣고 휘핑해 쑥크림을 만든다.

2 컵에 얼음과 우유 180mL를 채우고 쑥크림을 붓는다.

3 우유거품기에 우유 50mL를 담아 거품을 낸 뒤 ②에 올린다.

4 마지막에 루모라고사리를 올린다.

TIP

쑥가루는 설탕이 들어가지 않은 쑥 100% 제품을 사용한다.

Cherry Latte

생 체리를 활용한 음료는 카페에서 좀처럼 만나기 쉽지 않다.

체리의 단가가 높기도 하고 음료 제조 난이도가 높은 과일이기 때문이다.

반면 체리 음료 하나만으로도 경쟁력 있는 카페가 될 수도 있다.

체리 주스와 우유를 레이어링하여 보기만 해도

먹고 싶은 체리 라테를 만들어보자.

체리 라테

Ice

360ml

체리 100g
우유 80mL
생크림 30mL
연유 20g
얼음 100g
체리(토핑용) 1개

1 체리의 씨를 빼고 블렌딩하여 체리 주스를 만든다.

2 우유에 생크림과 연유를 넣고 잘 섞는다.

3 컵에 얼음을 채우고 ②를 붓는다.

4 ③의 얼음 위로 체리 주스를 천천히 붓는다.

5 마지막에 토핑용 체리를 올린다.

TIP

체리는 블렌딩 후 갈변이 시작되기 때문에 음료 제조 바로 직전에 블렌딩한다. 우유베이스는 당일 사용분을 미리 만들어 두면 편리하다.

Tea

Delicious Special Tea Recipe

유행을 타지 않는 아이스티부터
최근 인기를 얻은 히비스커스 티까지
카페에 꼭 필요한 티 메뉴들을 소개한다.

Strawberry Hibiscus

강렬한 빨간색의 히비스커스와 달콤한 딸기가 만났다.
히비스커스의 향과 색감이 딸기의 맛을
한층 업그레이드해준다.

딸기 히비스커스

Ice

420ml

히비스커스 티백 1개
뜨거운 물 50mL
딸기청 80g
물 150mL
얼음 150g
타임 줄기 조금

1 뜨거운 물에 히비스커스 티백을 넣고 4분간 우린다.

2 컵에 딸기청을 넣고 얼음을 채운 뒤 물을 붓는다.

3 ②에 우려 놓은 히비스커스 티를 천천히 붓고 타임 줄기를 꽂는다.

TIP

딸기청 대신 딸기베이스를 사용해도 된다. 히비스커스 티는 당일 사용분을 미리 우려 놓으면 제조 시간을 줄일 수 있다.

Apple Hibiscus

아삭아삭 씹히는 사과와 상큼한 히비스커스의 조화가
잘 어우러지는 음료다. 따뜻한 차로 즐겨도 좋고
시원하게 마셔도 일품이다.

Ice

Hot

애플 히비스커스

Hot

390ml

히비스커스 티백 1개
사과청 80g
└ p20 참고
뜨거운 물 250mL
애플민트 조금

1 잔에 사과청을 담고 뜨거운 물을 붓는다.

2 ①에 히비스커스 티백을 넣고 4분간 우린다.

3 마지막에 애플민트를 올린다.

Ice

420ml

히비스커스 티백 1개
뜨거운 물 50mL
사과청 80g
└ p20 참고
물 180mL
얼음 150g
애플민트 조금

1 뜨거운 물에 히비스커스 티백을 넣고 4분간 우린다.

2 컵에 사과청을 넣고 얼음을 채운 다음 물을 붓는다.

3 마지막에 ①을 천천히 붓고 애플민트를 올린다.

TIP

Ice 애플 히비스커스를 마실 때는 버블 발대를 사용해야 사과청에 있는 작은 사과 조각들을 함께 먹을 수 있다.

125

Grapefruit Black Tea

티 베리에이션 음료 중에 가장 인기가 많은 메뉴다.
잘 알려진 메뉴라 판매도 가장 많이 되기 때문에
메뉴로 구성하면 좋다. 블랙 티의 향과 자몽의
달콤 쌉싸름한 맛이 최상의 조화를 이룬다.

Ice

Hot

자몽 블랙 티

○─ *Hot*

300ml

블랙 티 티백 1개
자몽 농축액 60g
뜨거운 물 230mL
자몽 슬라이스 1조각
로즈메리 1줄기

1 잔에 자몽 농축액을 담고 뜨거운 물을 부은 뒤
블랙 티 티백을 넣고 5분간 우린다.

2 마지막에 자몽 슬라이스를 넣고 로즈메리를
가니시한다.

○─ *Ice*

480ml

블랙 티 티백 1개
뜨거운 물 50mL
자몽 농축액 60g
물 180mL
얼음 150g
자몽 슬라이스 1조각
로즈메리 1줄기

1 뜨거운 물에 블랙 티 티백을 넣고 5분간 우린
다.

2 컵에 자몽 농축액을 넣고 얼음을 채운 다음 얼
음 사이에 자몽 슬라이스를 넣는다.

3 ②에 물을 붓고 ①을 천천히 부은 뒤 로즈메리
를 가니시한다.

TIP ○────────────────────────────────────

자몽 농축액 대신 자몽청을 직접 담가서 사용하면 자몽 과육이 있기 때문에 자몽 슬라이스는 생
략해도 된다.

Real Peach Iced Tea

아이스티는 더운 여름에 빼놓을 수 없는 메뉴다.

천도복숭아를 넣은 리얼 복숭아 아이스티를 만들어보자.

풍미 가득한 최고급 아이스티를 만날 수 있을 것이다.

리얼 복숭아 아이스티

480ml

천도복숭아 100g
블랙 티 티백 1개
뜨거운 물 50mL
복숭아시럽 50mL
레몬즙 10mL
물 120mL
얼음 150g
재스민 1줄기

1 뜨거운 물에 블랙 티 티백을 넣고 5분간 우린다.

2 천도복숭아는 씨를 빼고 사방 2cm 크기로 자른다.

3 컵에 얼음을 채우고 물과 복숭아시럽, 레몬즙을 넣는다.

4 얼음 위에 잘라놓은 천도복숭아를 올린다.

5 ④에 우려 놓은 블랙 티를 천천히 붓고 재스민을 가니시한다.

TIP
천도복숭아는 후숙하여 살짝 말랑하게 되었을 때 사용하는 것이 가장 당도가 높다.

Apple Green Tea

녹차 잎을 우려서 티 베리에이션을 만들어보자.
사과청의 단맛을 녹차의 쌉싸름한 맛이 잡아줘서
적당히 달콤하고 깔끔한 맛을 느낄 수 있다.

Ice

Hot

애플 그린 티

Hot

480ml

녹차 잎 4g
뜨거운 물 280mL
사과청 80g
└ p20 참고
로즈메리 1줄기

1 뜨거운 물 50mL에 녹차 잎을 넣고 5분간 우린다.

2 컵에 사과청을 담고 남은 뜨거운 물 230mL를 붓는다.

3 마지막에 ①을 천천히 붓고 로즈메리를 가니시한다.

Ice

480ml

녹차 잎 4g
뜨거운 물 50mL
사과청 80g
└ p20 참고
물 180mL
얼음 150g
재스민 1줄기

1 뜨거운 물에 녹차 잎을 넣고 5분간 우린다.

2 컵에 사과청을 넣고 얼음을 채운 다음 물을 붓는다.

3 마지막에 ①을 천천히 붓고 재스민을 가니시한다.

TIP

녹차는 채엽 시기에 따라 우전, 세작, 중작, 대작 등으로 나뉘는데 쌉싸름한 맛이 나는 중작을 사용하는 것이 달콤한 과일청과 잘 어울린다.

Iced Tea Soda

진하게 우린 블랙 티에 토닉워터를 넣어 청량감을 더해주었다.

블랙 티를 시원하고 청량하게 마실 수 있는 음료로

더운 여름 날씨에 제격이다.

아이스티 소다

Ice

480ml

블랙티 7g
뜨거운 물 100mL
설탕 15g
토닉워터 150mL
얼음 200g
애플민트 적당량

1 티포트에 뜨거운 물과 블랙 티, 설탕을 넣고 3분간 우린다.

2 컵에 얼음을 채우고 토닉워터를 붓는다.

3 마지막에 ①을 부으면서 잘 섞고 애플민트를 가니시한다.

TIP
블랙 티 대신 가향 홍차인 얼 그레이를 사용하면 또 다른 향긋한 아이스티 소다를 만들 수 있다.

London Fog

안개를 닮은 재미있는 비주얼과 이름을 가진 음료다.
향긋한 블랙 티에 부드러운 우유를 넣어 만드는데,
이번 레시피에서는 블랙 티 위에 우유크림을 올려
좀 더 특별한 런던포그를 만들었다.

Ice

420ml

우유크림
생크림 40mL
우유 20mL
바닐라시럽 10mL

블랙티 5g
비정제 설탕 10g
뜨거운 물 100mL
얼음 200g
설탕시럽 조금
비정제 설탕(토핑용) 조금

1 뜨거운 물에 블랙 티와 비정제 설탕 10g을 넣고 5분간 우린다.

2 컵 입구를 설탕시럽에 담근 뒤 토핑용 비정제 설탕을 묻힌다.

3 설탕 묻힌 컵에 얼음을 채우고 ①을 붓는다.

4 생크림에 우유와 바닐라시럽을 넣어 휘핑한다. 우유크림의 점도는 자연스럽게 흐르는 정도가 좋다.

5 ③에 우유크림을 섞이지 않도록 천천히 붓는다.

Blueberry Mint Soda

블루베리에 페퍼민트 티와 탄산수를 더한 이색적인 메뉴다.

블루베리와 민트의 조합이 어색해 보이지만

은근히 꿀 조합이다. 달콤한 블루베리 과육을 씹는 것이

이 음료의 또 다른 매력이다.

블루베리 민트 소다

Ice

420ml

페퍼민트 티백 1개
뜨거운 물 50mL
냉동 블루베리 50g
설탕 20g
레몬즙 10mL
탄산수 180mL
얼음 150g
루모라고사리 1줄기

1 뜨거운 물에 페퍼민트 티백을 넣고 4분 동안 우린다.

2 냉동 블루베리를 전자레인지에 30초간 돌려 해동한 후 설탕과 레몬즙을 넣고 잘 섞는다.

3 컵에 ②를 담고 얼음을 채운 다음 재료가 서로 섞이지 않도록 천천히 탄산수를 붓는다.

4 마지막에 ①을 붓고 루모라고사리를 가니시한다.

TIP
블루베리베이스가 무거워서 가라앉기 때문에 잘 섞어서 마셔야 한다.

4

Ade & Juice

Delicious Special Ade & Juice Recipe

과일을 갈아서 시원하게 마시거나 탄산수에 섞어 청량감을 살린 여름 대표 메뉴다.

제철 과일을 활용하는 것이 가장 좋겠지만, 사계절 같은 맛을 선보여야하는

카페에서는 특별한 노하우가 필요하다. 그 비법을 만나보자.

Lemonade

가장 대표적인 에이드 메뉴로 만드는 방법은 단순하지만
꾸준히 사랑받는 음료다. 여기서는 다른 재료들과 어울리는
다양한 레모네이드를 함께 소개한다.

레모네이드

Ice

420ml

레몬 2개
사이다 200mL
얼음 150g
레몬 슬라이스 1조각
애플민트 조금

1 레몬 2개를 착즙해 컵에 담는다.

2 ①에 얼음을 넣으면서 중간에 레몬 슬라이스를 넣는다.

3 마지막에 사이다를 붓고 애플민트를 올린다.

TIP

달지 않게 만들려면 사이다 대신 탄산수를 사용한다. 생 레몬을 사용하는 것이 레몬청보다 깔끔
하고 청량하다.

Blue Lemonade

상큼한 레모네이드에 블루큐라소시럽을 넣어

푸른색의 청량한 비주얼을 완성했다.

한때는 거의 모든 레모네이드가 블루 레모네이드로 판매될 정도로

인기를 끌었던 메뉴다. 특히 더운 여름에는

보기만 해도 시원해지니 여름 시즌 메뉴로 꼭 넣어보자.

블루 레모네이드

○── *Ice*

420ml

레몬 2개
사이다 200mL
블루큐라소시럽 15mL
얼음 150g
레몬 슬라이스 1조각
로즈메리 1줄기

1 레몬 2개를 착즙하여 블루큐라소시럽을 넣고 잘 섞는다.

2 컵에 얼음과 사이다를 채운다.

3 ②에 레몬 슬라이스와 로즈메리를 넣고 ①을 붓는다.

Pink Lemonade

러블리한 핑크색의 레모네이드다.

사용이 간편한 그라데이션파우더를 사용했다.

만드는 과정이 아주 신기하고 재미있는 음료다.

핑크 레모네이드

Ice

420ml

레몬 2개
사이다 200mL
그라데이션파우더 15g
뜨거운 물 30mL
얼음 150g
레몬 슬라이스 1조각
루모라고사리 1줄기

1 레몬 2개를 착즙해 컵에 담는다.

2 ①에 얼음을 채우고 사이다를 부은 다음 레몬 슬라이스와 루모라고사리를 넣는다.

3 뜨거운 물에 그라데이션파우더를 넣고 잘 녹인다.

4 ②에 ③을 붓는다.

TIP

그라데이션파우더는 ph에 따라 음료 색상을 바꿔준다. 중성은 파란색, 산성은 핑크색으로 변하기 때문에 레몬을 만나면 핑크색으로 변한다.

Matcha Lemonade

레몬의 산뜻함에 말차의 향긋함이 어우러져
개운함이 극대화됐다. 단조로울 수 있는
레모네이드의 비주얼과 맛을 특별하게 만들어준 메뉴다.

말차 레모네이드

Ice

420ml

레몬 1개
말차파우더 30g
뜨거운 물 30mL
사이다 200mL
얼음 150g
레몬 슬라이스 1조각
애플민트 조금

1 뜨거운 물에 말차파우더를 넣고 잘 녹인다.

2 ①을 컵에 붓고 얼음과 사이다를 채운다.

3 레몬 1개를 착즙하여 ②에 붓는다.

4 마지막에 애플민트와 레몬 슬라이스로 가니시한다.

TIP

말차파우더는 말차가 10% 이상 함유된 제품을 사용해야 말차 맛이 난다. 말차파우더의 당도가 높다면 사이다 대신 탄산수를 사용해도 된다. 뜨거운 물에 말차파우더를 녹여서 미리 말차베이스를 만들어 두고 사용하면 음료 제조가 간편하다.

Peppermint Ade

페퍼민트 티를 레몬과 조합했더니
세상에서 가장 청량한 메뉴가 탄생했다.
흔하지 않은 이색적인 음료이기 때문에
카페 시그니처 메뉴로도 추천한다.

페퍼민트 에이드

Ice

480ml

페퍼민트 티
페퍼민트 티백 2개
뜨거운 물 50mL
설탕 15g

레몬 농축액 40mL
얼음 180g
탄산수 200mL
라임 슬라이스 3조각
루모라고사리 1줄기

1   뜨거운 물에 페퍼민트 티백과 설탕을 넣고 4분간 우린다.

2   컵에 레몬 농축액을 담고 얼음을 넣으면서 라임 슬라이스를 꽂아 장식한다.

3   ②에 탄산수를 부은 다음 페퍼민트 티를 붓고 루모라고사리를 꽂는다.

TIP
탄산수에 페퍼민트 티백을 넣고 12시간 냉침한 뒤 사용하면 더욱 깔끔하고 청량한 페퍼민트 에이드를 만들 수 있다.

Grapefruit Ade

카페 메뉴에서 빼놓을 수 없는 스테디셀러 음료다.
생 자몽을 사용하기 때문에 원산지에 따라
맛이 달라진다는 것이 단점이지만 쌉싸름한 자몽을
그대로 즐길 수 있어 추천하는 레시피다.

자몽 에이드

Ice

420ml

자몽 1개
자몽시럽 10mL
사이다 200mL
얼음 150g
타임 줄기 조금

1 자몽을 반으로 가르고 한쪽을 1cm 정도 두께로 잘라 슬라이스 조각을 만든다.

2 남은 자몽은 착즙하여 컵에 담는다. 착즙하는 과정에서 나오는 과육도 모두 넣는다.

3 ②에 얼음을 채우고 자몽 슬라이스와 타임 줄기를 컵 벽에 붙여서 넣는다.

4 마지막에 사이다를 붓고 자몽시럽을 넣어 완성한다.

TIP

자몽은 시기에 따라 수입되는 원산지가 다르다. 과육이 빨갛고 과즙이 많은 품종을 골라 사용하는 것을 추천한다. 1개에 350g 정도 크기의 자몽을 사용하는 것이 적당하다. 자몽시럽은 색을 내는 용도이므로 자몽이 충분히 빨갛다면 생략해도 된다.

Calamansi Ade

새콤한 맛이 특징인 칼라만시는 에이드로 만들기에 아주 좋은 과일이다.

신맛이 강해 단일 재료로 먹기에는 힘들어 향긋하고 달콤한 라임청을 더해

마시기 좋게 만들었다.

칼라만시 에이드

Ice

480ml

칼라만시 원액 40mL
라임청 30g
사이다 200mL
얼음 150g
애플민트 조금

1   컵에 칼라만시 원액과 라임청을 넣고 얼음을 채운다.

2   ①에 사이다를 붓고 얼음 사이에 라임청에 들어 있는 라임 슬라이스를 꽂는다.

3   마지막에 애플민트를 올린다.

TIP
라임청이 없으면 라임을 착즙해서 넣고 시럽을 추가하는 것도 가능하다.

Lime Mojito

럼 대신 민트시럽을 사용하여
무알코올 모히토를 만들었다.
라임과 애플민트를 가니시하여
맛은 물론 시각적으로도 청량감이 풍부하다.

라임 모히토

420ml

라임 1개
모히토 민트시럽 20mL
탄산수 200mL
얼음 150g
라임(토핑용) 3조각
애플민트 조금

1 라임을 착즙하여 컵에 담는다.

2 ①에 모히토 민트시럽을 넣고 잘 섞는다.

3 ②에 얼음을 채우고 얼음 사이에 토핑용 라임 조각을 꽂는다.

4 마지막에 탄산수를 붓고 애플민트를 올린다.

TIP

제조 시간을 단축하고 싶다면 생라임 대신 라임청을 사용하는 것도 좋다.

Passionfruit Ade

패션푸르트는 노란색 속살에

작은 씨앗들이 가득한 상큼한 열대과일이다.

씨앗까지 톡톡 씹어 먹는 재미가 있어

꾸준히 사랑받는 재료다.

새콤한 패션푸르트에 달콤하고 부드러운 망고를 더해

만든 청으로 풍부한 맛을 내보자.

패션푸르트 에이드

Ice

480ml

패션푸르트 망고청 80g
└ p21 참고

탄산수 200mL

얼음 150g

라임 1조각

타임 줄기 조금

1 컵에 패션푸르츠 망고청을 담는다.

2 ①에 얼음을 채우고 얼음 사이에 라임 조각과 타임을 넣는다.

3 마지막에 탄산수를 붓는다.

TIP

말린 라임을 토핑에 활용하면 제조가 간편하고 단가도 낮출 수 있다.

Pineapple Ade

새콤달콤한 파인애플의 맛을 그대로 느낄 수 있도록
생 파인애플을 갈아서 만들었다.
파인애플을 꽃처럼 활짝 핀 모습으로 연출했더니
비주얼만으로도 벌써 휴양지에 온 기분이 든다.

파인애플 에이드

Ice

480ml

파인애플 100g
설탕 40g
탄산수 200mL
얼음 150g
파인애플 8조각
재스민 1줄기

1 볼에 파인애플과 설탕을 넣고 고속으로 블렌딩한다.

2 컵에 ①을 붓고 얼음을 채운 다음 탄산수를 붓는다.

3 마지막에 파인애플 조각을 컵 위에 빙 둘러서 꽃 모양을 만든 다음 재스민을 올린다.

TIP

파인애플은 과육이 딱딱하고 질겨서 고속으로 블렌딩하는 것이 좋다.

White Grape Ade

청포도의 푸른색이 여름 메뉴로 적격이지만 단맛이 강해
생과일만으로는 제대로 맛을 내기가 어렵다.
그래서 좀 더 간편한 청포도베이스를 사용하고 레몬즙을 넣어
상큼한 맛을 보완한 레시피를 소개한다.

청포도 에이드

Ice

480ml

청포도 40g
청포도베이스 80mL
레몬즙 10mL
탄산수 180mL
얼음 150g
애플민트 조금

1 컵에 청포도베이스와 레몬즙을 넣는다.

2 ①에 얼음을 반쯤 채우고 청포도를 슬라이스해서 담는다.

3 ②에 얼음을 마저 채운 다음 탄산수를 붓고 애플민트로 가니시한다.

TIP
청포도가 없을 때는 냉동 청포도를 활용한다.

Basil Tangerines Ade

토마토와 영혼의 단짝이던 바질이 귤과도 찰떡궁합이라고?
과즙이 풍부하고 달콤한 귤에 향긋한 바질을 넣어
청으로 만들었더니 놀라운 맛이 탄생했다.
바질 귤 에이드 레시피를 전격 공개한다!

바질 귤 에이드

Ice

480ml

바질 귤청 100g
└-p21 참고

탄산수 180mL

얼음 150g

바질 조금

1 컵에 바질 귤청을 넣고 얼음을 채운다.

2 얼음 사이에 귤청에 있는 귤 슬라이스를 꽂는다.

3 마지막에 탄산수를 붓고 바질을 올린다.

Strawberry Juice

카페에서 가장 인기 있는 과일인 딸기는
손질과 제조가 간편해 주스로도 빠질 수 없다.
딸기 시즌이 짧은 것이 아쉬운 메뉴이기도 하다.

딸기주스

Ice

420ml

딸기 250g
설탕시럽 10mL
얼음 100g
애플민트 조금

1 볼에 딸기와 설탕시럽, 얼음을 넣고 블렌딩한다.

2 컵에 ①을 붓고 애플민트로 가니시한다.

TIP

냉동 딸기를 사용할 경우 얼음 대신 미지근한 물을 넣어야 한다. 냉동 딸기는 당도가 떨어지기 때문에 설탕시럽도 늘리는 것이 좋다.

Banana Juice

바나나는 가격도 저렴하면서 활용도가 높아
사용하기 좋은 과일이다. 세척도 필요 없고
일 년 내내 구할 수 있다는 점도 큰 장점이다.

바나나주스

Ice

420ml

바나나 200g
우유 150mL
설탕시럽 10mL
얼음 60g
애플민트 조금

1 볼에 바나나와 우유, 설탕시럽, 얼음을 넣고 블렌딩한다.

2 컵에 ①을 붓고 애플민트를 올린다.

TIP

안 익은 바나나는 당도가 낮고 풋내가 날수 있기 때문에 잘 익은 바나나를 사용한다.

Strawberry Banana Juice

줄여서 '딸바'라고 부를 정도로
오랫동안 사랑받는 베스트셀러 과일주스다.
새콤한 냉동 딸기를 사용하여 바나나의 달콤함과
잘 어우러지도록 했다.

딸기바나나 주스

Ice

420ml

바나나 150g
냉동 딸기 120g
우유 150mL
설탕시럽 10mL
루모라고사리 1줄기

1 볼에 바나나와 냉동 딸기, 우유, 설탕시럽을 넣고 블렌딩한다.

2 컵에 ①을 붓고 루모라고사리를 올려 완성한다.

TIP

칠레산 무가당 냉동 딸기를 사용하는 것이 색감이 예쁘고 새콤한 맛이 좋다.

Soybean Powder Banana Juice

바나나에 고소한 곡물가루를 넣어
아침 대용으로도 좋은 든든한 음료다.
바나나의 달콤함과 곡물의 고소함의 조합으로
묵직한 바디감이 느껴진다.

콩가루 바나나 주스

Ice

420ml

바나나 200g
곡물파우더 30g
우유 150mL
얼음 80g
아몬드 조금

1 볼에 바나나와 곡물파우더, 우유, 얼음을 넣고 블렌딩한다.

2 컵에 ①을 붓고 아몬드를 토핑한다.

TIP

곡물파우더는 미숫가루, 콩가루 등 종류에 상관없이 어떤 곡물가루를 사용해도 잘 어울린다.

Banana Nuts Juice

견과류의 씹히는 식감과 고소한 풍미는
바나나 주스를 더욱 풍성하게 해준다.
바나나 주스에 견과류만 넣으면 되는 아주 간단한 메뉴다.

바나나견과류 주스

Ice

420ml

바나나 200g
아몬드 30g
호두 10g
우유 150mL
설탕시럽 10mL
얼음 80g
아몬트 분태 조금

1 볼에 바나나와 아몬드, 호두, 우유, 설탕시럽, 얼음을 넣고 블렌딩한다.

2 컵에 ①을 붓고 아몬드 분태를 토핑한다.

TIP

호두를 많이 넣으면 쓴맛이 날 수 있으니 주의하자.

Avocado Banana Juice

고소한 아보카도와 달콤한 바나나가 어우러져
풍미가 남다른 주스다. 오렌지주스와 요거트를 넣어
특유의 느끼함을 잡고 산뜻하게 만들었다.

아보카도바나나 주스

Ice

420ml

바나나 150g
냉동 아보카도 100g
오렌지주스 50mL
요거트 100mL
설탕시럽 10mL
얼음 80g
쉘초콜릿 1개

1 볼에 바나나와 냉동 아보카도, 오렌지주스, 요거트, 설탕시럽, 얼음을 넣고 블렌딩한다.

2 컵에 ①을 붓고 쉘초콜릿을 올려 완성한다.

TIP

고소함을 강조하고 싶다면 요거트와 오렌지주스 대신 우유를 넣어서 만들어보자.

Watermelon Juice

여름이 기다려지는 이유 중에 하나가 바로 수박이 있기 때문이다.

카페를 하면서 매출에 큰 도움이 되었던 과일이 바로

수박이다. 수박 주스에 수박 조각을 올려 모양내면

전혀 다른 근사한 음료가 된다.

수박 주스

Ice

480ml

수박 300g
설탕시럽 10mL
얼음 100g
수박(토핑용) 5조각

1 수박을 잘라서 씨를 제거한다. 씨가 갈리면 식감이 안 좋으니 꼭 제거하도록 한다.

2 볼에 손질한 수박과 설탕시럽을 넣고 블렌딩한다.

3 컵에 얼음을 채우고 토핑용 수박 조각을 올린다.

4 마지막에 ②를 붓고 포크를 꽂아 완성한다.

TIP

씨를 빼는 시간이 오래 걸리기 때문에 씨 없는 수박을 사용하면 제조가 간편하다. 수박과 얼음을 함께 넣고 갈면 맛이 밍밍해지기 때문에 얼음은 따로 넣는 것이 좋다.

Tomato Juice

토마토는 다른 과일에 비해 저렴하면서 보관성이 좋다.

주스 메뉴를 고민한다면 판매를 권하고 싶은 메뉴다.

연령대가 높은 고객층이 있는 상권에서는

인기 메뉴가 될 수 있다.

토마토 주스

Ice

420ml

토마토 300g
설탕 20g
얼음 80g
바질 잎 1장

1 토마토를 4등분하고 가운데 부분을 잘라낸다.

2 볼에 손질한 토마토와 설탕, 얼음을 넣고 블렌딩한다.

3 컵에 ②를 붓고 바질 잎을 꽂아 완성한다.

TIP

토마토 가운데 흰 부분은 풋내가 나기 때문에 제거하는 것이 좋다. 뜨거운 물에 토마토를 살짝
담갔다 꺼내면 껍질을 쉽게 벗길 수 있다. 껍질을 벗기면 더욱 부드럽고 목 넘김이 좋은 토마토
주스를 만들 수 있다. 방울토마토를 사용하면 좀 더 진한 맛을 낼 수 있다.

Plum Juice

새콤달콤한 여름 과일 자두도 빼놓을 수 없는 재료다.

주스로 만들 때는 자두 껍질의 새콤한 맛이 강조되기 때문에

시럽을 충분히 넣어야 맛있다.

자두 주스

Ice

420ml

자두 250g
설탕시럽 30mL
물 50mL
얼음 100g

1 깨끗이 세척한 자두의 씨를 제거하여 준비한다.

2 볼에 손질한 자두와 설탕시럽, 물, 얼음을 넣고 블렌딩한다.

3 컵에 ②를 부어 완성한다.

TIP

당일 사용할 분량의 자두를 계량해서 컵에 소분해놓으면 제조가 간편하다. 여름에 출하되는 피
자두를 사용하면 빨간 색감의 자두 주스를 만들 수 있으니 피자두 시즌을 놓치지 말자.

Nectarine Juice

향긋하고 달콤한 천도복숭아로 만든 주스는
누구에게나 사랑받는 메뉴다.
속이 노랗고 겉은 빨간색이라 주스를 만들었을 때
콕콕 박힌 빨간 점들이 음료의 포인트다.

천도복숭아 주스

Ice

420ml

천도복숭아 250g

설탕시럽 20mL

물 50mL

얼음 100g

천도복숭아(토핑용) 1개

1 천도복숭아 가운데를 칼로 자르고 비틀어서 씨를 제거 한다.

2 볼에 손질한 천도복숭아와 설탕시럽, 물, 얼음을 넣고 블렌딩한다.

3 컵에 ②를 붓고 토핑용 천도복숭아를 사방 1cm로 잘라서 올린다.

TIP

천도복숭아는 충분히 익어 말랑한 것이 당도가 높다. 덜 익은 천도복숭아는 후숙하여 사용하는 것이 좋다.

Nectarine Plum Juice

일명 '복자주스'라는 촌스러운 애칭을 가진 메뉴다.

복숭아와 자두는 따로 먹어도 맛있지만 둘을 함께 넣어 만든

복자주스는 꼭 있어야 할 효자 메뉴다.

놓치지 말고 꼭 추가하자!

복숭아자두 주스

420ml

천도복숭아 125g
자두 125g
설탕시럽 30mL
물 50mL
얼음 100g
천도복숭아 슬라이스 3조각
애플민트 조금

1 천도복숭아와 자두의 씨를 제거하여 준비한다.

2 볼에 ①과 물, 설탕시럽, 얼음을 넣고 블렌딩한다.

3 컵에 ②를 붓고 천도복숭아 슬라이스와 애플민트를 올린다.

TIP
천도복숭아와 자두는 씨가 딱딱하여 음료에 들어가면 마시기가 어렵다. 특히 작은 자두씨를 과일과 함께 블렌딩하지 않도록 주의하자.

Orange Grapefruit Juice

자몽과 오렌지는 같은 시트러스 계열로
어색함이 없고 잘 어울린다.
오렌지의 달콤함과 자몽의 쌉싸름한 맛의 조합은
쉽게 중독되는 매력이 있다.

오렌지자몽 주스

Ice

420ml

자몽 180g
오렌지 130g
얼음 150g
자몽과 오렌지 슬라이스 1
조각씩
로즈메리 1줄기

1 자몽과 오렌지를 착즙하여 주스를 만든다.

2 컵에 얼음을 넣고 얼음 사이에 자몽과 오렌지 슬라이스를 꽂는다.

3 마지막에 주스를 붓고 로즈메리로 가니시한다.

TIP
모양을 내기 위한 자몽과 오렌지 슬라이스는 말린 과일을 사용해도 좋다.

Kiwi Juice

초록 초록한 주스에 검은 점들이 콕콕 박혀 있는

비주얼이 포인트인 키위주스다.

키위의 검은 씨앗은 예쁜 비주얼을 완성시키지만,

신맛과 쓴맛이 날 수 있으니 씨앗이 갈리지 않게 블렌딩한다.

키위 주스

Ice

420ml

키위 250g
물 50mL
설탕시럽 20mL
얼음 80g
키위 슬라이스 2조각

1 키위의 껍질을 벗기고 반으로 자른다.

2 볼에 물, 설탕시럽, 얼음을 넣고 블렌딩한 다음 키위를 넣고 끊어가며 블렌딩한다.

3 컵 벽면에 키위 슬라이스를 붙이고 얼음을 담는다.

4 컵에 ③을 부어 완성한다.

TIP

단맛만 강한 골드 키위보다 새콤한 맛이 있는 그린 키위가 주스로 만드는 데 적합하다. 키위 씨가 갈리면 쓴맛이 나기 때문에 씨가 갈리지 않도록 마지막에 넣어 끊어가며 블렌딩한다.

White Grape Juice

푸른색의 청포도 주스는 여름에 빼놓을 수 없는 메뉴다.

레몬즙을 살짝 추가해 상큼함을 더해보자.

얼음과 함께 갈아 시원하고 상큼한 청포도 주스로

여름 매출을 올릴 수 있을 것이다.

청포도 주스

Ice

480ml

청포도 250g
레몬즙 10mL
설탕시럽 10mL
물 30mL
얼음 120g
청포도(토핑용) 80g

1 블렌더에 청포도 250g과 레몬즙, 설탕시럽, 물을 넣고 블렌딩한다.

2 컵에 얼음을 채우고 ①을 붓는다.

3 마지막에 토핑용 청포도를 올려 완성한다.

TIP

청포도는 세척 후 컵에 소분해놓는다. 하지만 오래 두면 갈변되기 때문에 당일 사용분만 준비한다.

Blended

Delicious Special Blended Recipe

달콤하고 부드러운 아이스크림과 차가운 얼음을 넣어 만드는 Ice 메뉴들이다.
종류가 점점 더 다양해지고 특별해지는 추세다. 이 파트에 소개된 레시피를 참고해
나만의 시그니처 메뉴를 만들어봐도 좋을 것이다.

Milkshake

아이스크림을 갈아서 만드는 밀크셰이크는
마시는 아이스크림이라고 할 수 있다.
바닐라 아이스크림으로 만든 밀크셰이크에
다른 재료를 추가하여
다양한 종류의 셰이크를 만들 수 있다.

밀크셰이크

480ml

바닐라 아이스크림 200g
우유 150mL
연유 10g
얼음 100g
재스민 1줄기

1 볼에 바닐라 아이스크림과 우유, 연유를 담고 마지막에 얼음을 넣어 블렌
   딩한다.

2 컵에 ①을 담고 재스민을 꽂는다.

TIP

딱딱한 얼음은 맨 마지막에 넣어야 블렌더에 무리를 주지 않는다. 아이스크림은 유지방이 12%
이상 함유된 제품을 선택하는 것이 좋다. 아이스크림의 당도에 따라 연유의 양을 조절한다.

Strawberry Milkshake

밀크셰이크와 딸기청을 레이어하여
단순해보일 수 있는 비주얼을 업그레이드시켰다.

딸기 밀크셰이크

Ice

480ml

바닐라 아이스크림 200g
우유 150mL
딸기청 80g
얼음 100g
루모라고사리 1줄기

1 볼에 바닐라 아이스크림과 우유를 담고 마지막에 얼음을 넣어 블렌딩한다.

2 컵에 딸기청을 담는다.

3 ② 위에 ①을 과감히 붓는다.

4 마지막에 루모라고사리를 꽂는다.

TIP

냉동 딸기는 크기가 작은 것을 사용해야 블렌딩하기 좋으며 새콤한 맛이 강한 무가당으로 사용
해야 바닐라 아이스크림에 묻히지 않는다.

Cream Cheese Strawberry Shake

크림치즈의 풍미가 가득하여 맛있는 딸기 케이크를 마시는

기분을 선사하는 음료다. 달콤한 아이스크림과 짭조름한 크림치즈,

상큼한 딸기의 어울림은 맛이 없을 수 없는 조합.

크림치즈 딸기 셰이크

Ice

480ml

바닐라 아이스크림 150g

크림치즈 30g

냉동 딸기 80g

딸기잼 20g

우유 150mL

딸기 1개

휘핑크림 적당량

1 볼에 바닐라 아이스크림과 크림치즈, 냉동 딸기, 딸기잼, 우유를 넣어 고속으로 1분 30초간 블렌딩한다.

2 컵에 ①을 담고 휘핑크림을 올린다.

3 마지막에 딸기를 올린다.

TIP

생딸기보다는 새콤한 맛이 강한 무가당 냉동 딸기를 사용해야 잘 어울린다.

Oreo Shake

오레오 쿠키로 만드는 극강의 비주얼과 달콤함을 자랑하는 음료다.
바닐라 아이스크림 대신 바닐라파우더를 사용하는 레시피도 있으나
아이스크림이 들어가면 훨씬 풍미가 좋고 부드러운 음료를 만들 수 있다.

오레오 셰이크

Ice

480ml

바닐라 아이스크림 150g

오레오 쿠키 12개

우유 150mL

연유 10g

얼음 100g

휘핑크림 조금

1   볼에 바닐라 아이스크림과 우유, 연유를 담고 마지막에 얼음을 넣어 1분 정
도 블렌딩한다.

2   ①에 오레오 쿠키 5개를 넣고 저속으로 30초간 블렌딩한다.

3   컵에 ②를 담고 오레오 쿠키 5개를 작게 부숴서 올린다.

4   ③에 휘핑크림을 올린 다음 남은 오레오 쿠키 2개를 올려 모양낸다.

TIP

오레오 쿠키는 5~10개 사이가 적당하며 많이 넣을수록 맛있다. 판매가를 고려하여 오레오 쿠
키 개수를 조절하자. 오레오 쿠키를 블렌딩할 때는 덩어리가 적당히 남도록 해야 식감이 산다.

Lotus Shake

커피와 잘 어울리는 로투스 비스킷을 넣어 만든 셰이크로
달콤하면서도 고소한 맛이 좋다.
소복이 올라간 로투스 크럼블이 사각사각 씹히는 식감을 살려준다.

로투스 셰이크

Ice

420ml

바닐라 아이스크림 150g
로투스 스프레드 30g
로투스 비스코프 1개
로투스 크럼블 30g
우유 150mL
얼음 100g
로즈메리 1줄기

1 볼에 바닐라 아이스크림과 로투스 스프레드, 로투스 비스코프 1개, 우유를 담고 마지막에 얼음을 넣어 블렌딩 한다.

2 컵에 ①을 붓고 로투스 크럼블을 올린다.

3 마지막에 로즈메리를 꽂는다.

TIP

로투스 크럼블을 넉넉히 올려 식감이 좋은 셰이크를 만들어보자. 로투스 크럼블 대신 로투스 비스코프를 부숴서 사용해도 된다.

Espresso Shake

달콤한 아이스크림과 에스프레소의 만남은 언제나 정답이다.
아포가토, 썸머 라테 등이 대표적인 메뉴다.
에스프레소 셰이크 역시 밀크셰이크의 달콤함에
에스프레소의 쌉싸름함이 어우러져 먹을수록 맛있는 음료다.

에스프레소 셰이크

420ml

에스프레소 1샷
바닐라 아이스크림 200g
우유 100mL
연유 15g
얼음 100g

1 볼에 바닐라 아이스크림과 우유, 연유를 담고 마지막에 얼음을 넣어 블렌딩한다.

2 컵에 ①을 담고 에스프레소를 붓는다.

TIP

에스프레소를 먼저 추출하여 살짝 식혀서 사용하는 것이 좋다. 우유량을 줄이고 아이스크림을 늘리면 더욱 쫀쫀한 질감의 셰이크를 만들 수 있다.

Salted Caramel Shake

캐러멜은 짠맛과 함께 단짠단짠으로 맛을 내야
달콤함이 더 풍부해진다. 캐러멜소스에 핑크소금을 더하고
캐러멜팝콘을 토핑해 비주얼까지 신경 썼다.
캐러멜소스가 흘러내리는 모습이 포인트다.

솔티드 캐러멜 셰이크

Ice

420ml

바닐라 아이스크림 180g

우유 100mL

연유 10g

얼음 50g

캐러멜소스 40g

핑크소금 1g

휘핑크림 3g

캐러멜팝콘 10g

롤리폴리 1개

1 볼에 바닐라 아이스크림과 우유, 연유를 담고 마지막에 얼음을 넣어 블렌딩한다.

2 캐러멜소스를 컵 벽에 돌려가면서 바른다.

3 ②에 핑크소금을 뿌리고 ①을 붓는다.

4 컵 입구에 캐러멜소스를 부어 자연스럽게 흘러내리게 한다.

5 휘핑크림을 올리고 캐러멜팝콘을 토핑한 다음 롤리폴리를 꽂는다.

TIP

①번 과정에서 에스프레소 1샷을 추가하면 달콤 쌉싸름한 캐러멜 샷 셰이크를 만들 수 있다.

Dark Mocha Blended

이름처럼 비주얼도 강렬한 음료다.

이 메뉴의 포인트는 음료를 높이 쌓아 올리는 것이다.

블렌더 성능과 날씨에 따라 음료의 질감이 달라지기 때문에

여러 번 테스트해봐야 하는 메뉴다.

다크 모카 블렌디드

● ─────

Ice

420ml

에스프레소 1샷
바닐라 아이스크림 80g
초콜릿소스 80g
초콜릿파우더 30g
우유 100mL
얼음 200g
초콜릿소스(드리즐용) 조금

1 볼에 바닐라 아이스크림과 에스프레소, 초콜릿파우더, 우유를 담고 마지막에 얼음을 넣어 고속으로 1분 30초간 블렌딩한다.

2 컵을 돌려가며 초콜릿소스를 바른다. 초콜릿소스가 적당히 흘러내리도록 연출한다.

3 ②에 ①을 붓는다. 이때 되도록 높이 쌓아서 모양낸다.

4 마지막에 드리즐용 초콜릿소스를 뿌려 완성한다.

TIP ○─────

블렌더 성능에 따라 음료의 점도가 달라지니 블렌딩한 뒤 너무 묽으면 우유를 줄이고 얼음을 늘린다. 초콜릿을 한 조각 넣어 블렌딩하면 초콜릿이 씹히는 식감을 추가할 수 있다. 초콜릿은 카카오 함량이 높은 재료를 사용해야 덜 달면서 진한 맛을 낼 수 있다.

Plain Yogurt Smoothie

새콤한 요거트와 함께 우유, 얼음을 갈아서 만든 스무디다.

여기에 다양한 과일들을 넣어 베리에이션 스무디를 만들 수 있기 때문에

기본이 되는 메뉴다. 레몬 슬라이스를 한 조각 넣어서

새콤함을 더하고 색감을 살려주었다.

플레인 요거트 스무디

Ice

360ml

우유 200mL
요거트파우더 50g
레몬 슬라이스 1조각
얼음 150g
루모라고사리 1줄기

1 볼에 요거트파우더와 레몬 슬라이스 $\frac{1}{2}$조각, 우유를 담고 마지막에 얼음을 넣어 블렌딩한다.

2 컵에 ①을 붓고 남은 레몬 슬라이스 $\frac{1}{2}$조각과 루모라고사리를 올린다.

TIP

레몬을 많이 넣으면 쓴맛이 날 수 있으니 조금만 넣어 블렌딩한다.

Strawberry Yogurt Smoothie

요거트 스무디는 다양한 과일을 활용해 맛을 내기 좋다.

상큼한 플레인 요거트와 가장 잘 어울리는 새콤한 딸기를 추가해

딸기 요거트 스무디를 만들어보자.

딸기 요거트 스무디

Ice

360ml

딸기베이스 20g
냉동 딸기 80g
요거트파우더 30g
우유 150mL
얼음 100g
딸기 1개

1 볼에 딸기베이스와 냉동 딸기, 요거트파우더, 우유를 담고 마지막에 얼음을 넣어 블렌딩한다.

2 컵에 ①을 붓고 딸기를 올려 모양낸다.

TIP

얼음 대신 냉동 딸기를 그만큼 더 넣으면 좀 더 진한 맛의 스무디를 만들 수 있다.

Tripleberry Yogurt Smoothie

블루베리와 블랙베리, 라즈베리의 새콤달콤한 맛이
하나로 모여 있는 트리플베리 믹스 제품을 활용해보자.
음료 위에 토핑할 때도 세 가지 베리를 모두 올린다.

트리플베리 요거트 스무디

360ml

냉동 트리플베리 80g
블루베리베이스 20g
요거트파우더 30g
우유 150mL
얼음 100g
냉동 트리플베리(토핑용) 조금

1 볼에 냉동 트리플베리와 블루베리베이스, 요거트파우더, 우유를 담고 마지막에 얼음을 넣어 블렌딩한다.

2 컵에 ①을 붓고 토핑용 냉동 트리플베리를 올린다.

TIP
냉동 트리플베리 속 블랙베리는 작은 씨가 있으니 너무 많이 넣지 않도록 조절한다.

215

Apple Yogurt Smoothie

딸기 스무디와 트리플베리 스무디 보다 차분한 맛을 지니면서도
또 다른 상큼함을 가득 담은 음료다.
사과청 대신 사과를 반 개 정도 넣어도 좋다.

사과 요거트 스무디

Ice

360ml

사과청 100g
요거트파우더 30g
우유 150mL
얼음 150g
사과 슬라이스 3조각
재스민 1줄기

1 볼에 사과청과 요거트파우더, 우유를 담고 마지막에 얼음을 넣어 블렌딩한다.

2 컵에 ①을 붓고 사과 슬라이스와 재스민을 올린다.

TIP

사과 껍질은 깍지 않고 함께 블렌딩하는 게 색감이 예쁘다.

Korean Melon Smoothie

참외는 차갑게 하면 당도가 올라가
스무디로 만들기 좋은 과일이다. 다만 고유의 맛이 강하지 않아
음료로 맛을 내기가 까다로우니 재료의 비율을 잘 찾아서
만들어야 퀄리티 있는 맛을 낼 수 있다.

참외 스무디

Ice

480ml

참외 250g
우유 50mL
설탕시럽 30mL
얼음 200g

1 참외를 깨끗이 씻어 양쪽 꼭지를 자르고 껍질을 2/3 가량 벗긴다. 참외 꼭지는 사용해야하니 버리지 않는다.

2 껍질 벗긴 참외를 8조각으로 자른다.

3 볼에 참외와 우유, 설탕시럽을 담고 마지막에 얼음을 넣어 블렌딩한다.

4 컵에 ③을 따르고 참외 꼭지를 컵에 꽂아 완성한다.

TIP

씨 부분은 당도가 높기 때문에 파내지 않고 다 넣는다. 다만 참외 꼭지는 쓴맛이 나므로 절대 스무디에 넣지 않는다. 대신 비주얼을 완성하는 용도로 활용하면 좋다.

Passion Fruit Smoothie

패션푸르트는 에이드로 인기 있는 과일이다.
하지만 새콤하면서 향긋한 맛이 스무디로도
아주 잘 어울린다. 패션푸르트 음료를 판매하고 있다면
꼭 스무디도 추가해보자.

패션푸르트 스무디

Ice

480ml

패션푸르트 망고청 120g
└ p21 참고

물 80mL

얼음 250g

애플민트 조금

1 볼에 패션푸르트 망고청과 물을 담고 마지막에 얼음을 넣어 블렌딩한다.

2 컵에 ①을 붓고 애플민트를 올린다.

TIP

물 대신 우유를 넣으면 좀 더 부드러운 맛의 스무디를 만들 수 있다.

Pistachio Smoothie

달콤하고 부드러운 스무디에
피스타치오파우더로 색을 입히고,
고소하게 씹히는 피스타치오 토핑을 올려 만드는
인기 메뉴다.

피스타치오 스무디

480ml

피스타치오파우더 50g
바닐라 아이스크림 120g
우유 100mL
연유 15g
얼음 150g
피스타치오 8g

1 토핑에 사용할 피스타치오를 빻아서 준비한다.

2 볼에 바닐라 아이스크림, 우유, 피스타치오파우더, 연유를 담고 마지막에 얼음을 넣어 블렌딩한다.

3 컵에 ②를 담는다.

4 마지막에 빻아놓은 피스타치오를 올린다.

Espresso Granita

그라니타는 양이 많지 않고 입안에서 사르르 녹기 때문에 식
사 후뿐만 아니라 커피를 마시고 난 후에도 부담 없이 먹을 수
있다. 에스프레소 그라니타에 생크림을 단단하게 휘핑하여 올
려서 달콤하게 즐길 수 있도록 만들었다.

에스프레소 그라니타

120ml

에스프레소 그라니타 80g
생크림 40mL
바닐라시럽 8mL

1 잔에 에스프레소 그라니타를 담는다.

2 생크림에 바닐라시럽을 넣고 휘핑한다. 스푼으로 떠서 올릴 수 있을 정도
의 점도로 만든다.

3 마지막에 ②를 올려 완성한다.

TIP

에스프레소 그라니타 만들기

에스프레소 200mL에 물 200mL, 설탕 100g, 바닐라익스트랙 5g,
소금 1g을 넣고 골고루 섞은 뒤 냉동고에서 얼린 다음 한 시간 마다 꺼
내서 포크로 긁어준다. 이 과정을 3번 정도 반복하면 완성된다. 냉동고
에 얼릴 때 스테인리스 용기를 사용하면 빠르게 얼릴 수 있다.

Espresso Granita Latte

우유에 에스프레소 그라니타를 넣기만 하면 되는
간단한 음료이지만 비주얼과 맛이 평범하지 않아 좋다.
커피를 얼려서 만드는 큐브 라테처럼 처음에는 연한 커피 맛이 느껴지지만
시간이 지날수록 진해진다. 에스프레소 그라니타를 판매하는 매장에서는
추가하기 좋은 메뉴다.

에스프레소 그라니타 라테

Ice

240ml

에스프레소 그라니타 50g
└p225 참고
우유 150mL

1 컵에 우유를 붓는다.

2 ①에 에스프레소 그라니타를 한 스쿱 떠서 넣는다.

TIP

에스프레소 그라니타를 넣을 때 우유가 넘치거나 튀지 않도록 주의한다.

Shaved Ice Milk

빙수의 트렌드가 물 베이스에서 우유 베이스로 바뀌면서
대부분의 카페에서 우유 얼음을 사용한 빙수를 판매하고 있다.
우유 얼음을 곱게 갈아 달콤한 연유와 팥만 올려 만드는
간단하면서 기본이 되는 메뉴다.

우유 빙수

Ice

우유 얼음 300g
연유 50g
팥 40g
빙수 떡 30g

1 그릇에 우유 얼음을 반 정도만 갈아서 채운다.

2 ①에 연유를 골고루 뿌리고 팥을 한 스쿱 올린다.

3 남은 우유 얼음을 마저 갈아 소복이 올리고 빙수 떡도 올린다. 팥과 연유는 각각 그릇에 따로 담아 서빙한다.

TIP
빙수 그릇은 미리 냉동고에 넣어 차갑게 해두는 것이 좋다. 빙수 위에 아이스크림을 한 스쿱 올리면 더욱 달콤하고 부드러운 빙수를 만들 수 있다.

Shaved Ice with Mango

유명 호텔에서 판매하는 망고 빙수가 입소문이 나면서
인기가 많아진 빙수다. 생 망고를 슬라이스 해서
빙수를 전체적으로 덮은 모습이 특징이다.
빙수를 판매하는 카페에서는 빼놓을 수 없는 메뉴다.

망고 빙수

망고 200g
우유 얼음 300g
망고 리플잼 50g
애플민트 조금

1 망고를 반으로 자르고 얇게 칼집을 낸다. 그리고 스푼으로 껍질과 과육을 분리하여 망고 슬라이스를 준비한다.

2 그릇에 우유 얼음을 갈아 소복이 올리고 망고 리플잼을 골고루 뿌린다.

3 ②에 준비한 망고 슬라이스와 애플민트를 올려 완성한다.

TIP

망고는 충분히 익은 말랑말랑한 것을 사용해야 한다.

Shaved Ice with Melon

빙수 그릇 대신 멜론에 빙수를 담는 것이 특징이다.

동글동글한 멜론을 떠먹는 재미가 있는 메뉴다.

멜론을 많이 사용하기 때문에

다른 빙수와 비교해 재료비가 높을 수 있다.

멜론 빙수

Ice

멜론 1/2개
우유 얼음 300g
연유 50g
바닐라 아이스크림 50g

1　멜론은 씨 부분을 제거한다.

2　멜론 과육을 동그랗게 파낸다.

3　멜론 그릇에 우유 얼음을 갈아 넣고 연유를 뿌린다.

4　②에 멜론 과육을 담고 바닐라 아이스크림을 올린다.

TIP

완성된 빙수 위에 데코화이트를 뿌리면 눈이 소복이 내린 듯한 모습을 연출할 수 있다.

Shaved Ice with Tomato

토마토를 블렌딩해 만든 퓌레를

우유 빙수 위에 뿌려서 만든 메뉴로

토마토의 빨간색이 포인트다.

토마토 빙수

토마토 200g
우유 얼음 300g
연유 50g
후추 한 꼬집
방울토마토 1개

1 토마토를 뜨거운 물에 살짝 담갔다 꺼내 껍질을 벗긴다.

2 ①을 블렌더에 넣고 갈아서 토마토퓌레를 만든다.

3 그릇에 우유 얼음을 갈아 절반만 담고 토마토퓌레도 ⅓ 정도만 넣고 연유를
   뿌린다. 나머지 우유 얼음을 갈아서 올린다.

4 마지막으로 남은 토마토퓌레도 붓는다. 방울토마토를 올리고 후추를 살짝
   뿌려 완성한다.

Bottle Beverages

Delicious Special Recipe

최근 딸기 우유, 밀크티 등 각종 음료를 병에 담아 판매하는 방식이 유행하면서
보틀 음료의 종류도 다양해지고 있다. 또한 보틀 음료는 배달과 테이크아웃 방식으로
판매하기도 좋아 카페 매출에 도움을 줄 수 있다. 이처럼 유용한 보틀 음료 레시피를 소개한다.

Strawberry Milk

딸기 우유

딸기와 비정제 설탕만으로 만든 건강한 딸기 우유다.
딸기청보다 설탕 비율이 낮아 달지 않으면서 자극적이지 않은 맛과
씹히는 딸기 과육이 매력인 베스트셀러 보틀 음료다.

500ml

딸기 230g
비정제 설탕 30g
우유 230mL

1 딸기는 사방 1cm 크기로 자른다.

2 ①에 비정제 설탕을 넣고 1시간 정도 재운
   다.

3 병에 ②를 담고 우유를 붓는다.

TIP

많은 양을 만들 때는 딸기와 설탕을 섞은 뒤 재우면 설탕
을 빨리 녹일 수 있다. 생크림을 50mL 정도 넣으면 풍미
가 더 살아난다.

Mango Milk

망고 우유

생 망고를 가득 넣어 만든 망고 우유다.

유리병에 담긴 망고 과육들을 보면 안 먹고는 못 배기는 음료다.

망고가 다른 재료들에 비해 가격이 비싸지만 손질이 간편하다는 장점도 있다.

500ml

망고 180g

비정제 설탕 30g

우유 250mL

1 망고를 반 갈라 씨를 제거하고 과육에 가
로, 세로 1cm 간격으로 칼집을 낸다.

2 칼집 낸 망고를 스푼으로 긁어 볼에 담고
비정제 설탕을 넣어 30분간 재운다.

3 병에 ②를 담고 우유를 붓는다.

TIP

망고에 칼집을 낼 때 망고 껍질까지는 잘리지 않도록 해
야 쉽게 망고 조각을 만들 수 있다.

Banana Milk

바나나 우유

바나나와 우유를 블렌딩해 바나나 우유를 만들고 바나나를 잘라 넣어 식감을 살렸다.
바나나가 듬뿍 들어가는 리얼 바나나 우유는 만들기도 간편하고
재료 단가도 낮아 판매하시기에 아주 좋은 메뉴다.

500ml

바나나베이스
바나나 150g
우유 80mL
비정제 설탕 30g

바나나 100g
우유 130mL

1 볼에 바나나 150g과 우유 80mL, 비정제 설
탕을 넣고 블렌딩한 다음 병에 담는다.

2 바나나 100g은 껍질 벗겨 작은 주사위 모
양으로 잘라 ①에 담고 우유를 붓는다.

TIP
보틀 음료는 섞지 않는 게 보기는 예쁘지만 먹기 전에는
잘 흔들어서 먹어야 한다.

Chocolate Milk

초코우유

다크초콜릿을 녹이고 카카오파우더를 더해 단맛보다는 카카오의 풍미를 강조했다.
카카오 함량이 높은 다크초콜릿을 사용하는 것이 포인트다.
파우더를 사용하는 초코 라테와는 전혀 다른 풍미의 초코 우유를 만들 수 있다.

500ml

다크초콜릿 80g
카카오파우더 10g
생크림 50mL
스팀우유 60mL
설탕 10g
바닐라익스트랙 2mL
차가운 우유 280mL

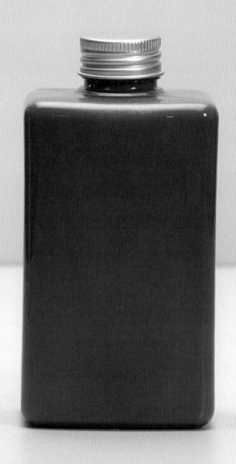

1 팬에 생크림과 설탕을 넣어 따뜻하게 데운
  다음 다크초콜릿과 카카오파우더를 넣어
  잘 녹인다.

2 ①에 스팀우유와 바닐라익스트랙을 넣고
  잘 섞는다.

3 ②에 차가운 우유를 부어 잘 섞고 병에 담
  는다.

TIP

초콜릿은 사람 체온 정도의 온도에서 잘 녹기 때문에 생
크림을 너무 뜨겁게 끓일 필요는 없다. 60~70℃ 정도의
온도로 데우면 된다.

Blueberry Milk

블루베리 우유

블루베리를 설탕으로 재워서 과육을 살린 베이스를 만들었다.
레몬즙을 넣어 상큼함을 더해 풍부한 맛을 강조했다.
부드럽고 달콤하게 블루베리 우유를 즐기고 블루베리 과육을 씹는 맛이 매력인 음료다.

500ml

냉동 블루베리 150g
비정제 설탕 30g
레몬즙 5mL
소금 한 꼬집
우유 300mL

1 냉동 블루베리에 비정제 설탕, 레몬즙, 소금을 섞은 뒤 전자레인지에 20초 정도 데운다.

2 데운 블루베리가 깨지지 않도록 살살 섞어가며 설탕을 충분히 녹인다.

3 병에 ②를 담고 서로 섞이지 않도록 우유를 천천히 붓는다.

TIP

완성된 블루베리 우유는 냉장 보관하고 당일 판매를 원칙으로 한다.

241

Cold Brew Milk Tea

냉침 밀크티

보틀 음료의 유행은 밀크티에서 시작됐다. 엄청난 인기에 수많은 카페에서 보틀 밀크티를 판매하고 있다.

500ml

아쌈 잎 10g
비정제 설탕 30g
뜨거운 물 30mL
소금 한 꼬집
우유 450mL

1 뜨거운 물에 아쌈 잎을 넣고 3분간 우린 다음 비정제 설탕과 소금을 넣어 잘 녹인다.

2 ①에 우유를 붓고 냉장고에 넣어 10시간 냉침한다.

3 ②를 면포에 걸러 유리병에 담는다.

TIP

잉글리시 브렉퍼스트, 얼 그레이 등 다른 홍차를 사용해도 무방하다.

Cold Brew Green Milk Tea

냉침 그린 밀크티

녹차를 우려서 밀크티를 만들었더니
은은하게 우러난 깔끔한 맛이 밀크티와는 전혀 다른 매력을 느끼게 해준다.
흔하지 않은 메뉴로 차별성이 필요할 때 추천한다.

500ml

녹차 잎 8g
비정제 설탕 30g
뜨거운 물 50mL
소금 한 꼬집
우유 450mL

1 뜨거운 물에 녹차 잎을 넣고 5분간 우린 다음 비정제 설탕과 소금을 넣어 잘 녹인다.

2 ①에 우유를 붓고 냉장고에 넣고 10시간 냉침한다.

3 ②를 면포에 걸러 유리병에 담는다.